JOSÉ ARCE

Mensch & Hund

JOSÉ ARCE

MENSCH & HUND

Durch Verantwortung Liebe und Sicherheit schenken

VORWORT

Kein anderes Lebewesen als der Hund kann uns so ehrlich zeigen, wer wir wirklich sind. Ein Hund erkennt seinen Menschen sofort, denn unsere Hunde beobachten uns und reagieren dementsprechend auf uns. Sie verraten uns alles darüber, wie wir uns fühlen, ob wir frustriert, aufgeregt oder unsicher sind. Natürlich spüren Hunde auch, wenn wir uns ausgeglichen und sicher fühlen. Sie sind ein Gradmesser für unsere innere Harmonie und dementsprechend reagieren sie auch. Wir sind häufig der Meinung, dass unser Hund ein Problem hat, oder wir glauben, dass mit seinem Verhalten etwas nicht stimmt. Dann möchten wir verstehen, was in der Mensch-Hund-Beziehung falsch läuft und es ändern. Wir wollen, dass unser Hund uns versteht. Manche von uns gehen noch weiter – sie wollen ihren Hund verstehen. Doch ist das so schwierig? Nein, und darum habe ich dieses Buch geschrieben.

Was ist wirklich wichtig, was muss man über Kommunikation, Erziehung und Hundeverhalten wissen, damit die Beziehung zum Hund nicht kippt? Was macht eine gute Basis für eine ausgewogene Mensch-Hund-Beziehung aus und wann schleichen sich Fehler ein? Diese Fragen beschäftigen und faszinieren mich schon seit meiner Kindheit. Mir selbst ist das immer sehr leichtgefallen und ich habe erst nicht verstanden, warum Menschen in der Kommunikation mit ihrem Hund so viele Schwierigkeiten haben. Deshalb möchte ich allen Mut machen und zeigen, wie einfach es ist, auf meine Art eine gute und ausgewogene Beziehung zu seinem Hund aufzubauen. Ich verrate Ihnen schon jetzt, die Lösung liegt bei uns selbst.

In Interviews werde ich oft gefragt, was die Menschen in der Beziehung zum Hund falsch machen. Meistens muss ich dann grinsen, denn mir ist bewusst, dass nicht jeder sofort in der Lage ist, meine Antwort zu verstehen. Wir Menschen machen viel falsch, wir sind Egoisten und, auch wenn wir das nicht gern zugeben, wir denken viel mehr an uns selbst als an unseren Hund. Erst wenn unangenehmes Verhalten auftritt, das zu Problemen führt, wollen die meisten von uns die Lösung beim Hund finden. Anders oder vielleicht besser gesagt: Wir wollen unseren Hund verändern, ihn erziehen und vielleicht auch therapieren. Das ist aber unmöglich, wenn der Mensch nicht beginnt, sich selbst zu ändern. Ich habe sehr viel Zeit dafür gebraucht, einen Weg zu finden, wie ich den Menschen dabei helfen kann, sich selbst zu erkennen, seine innere Ruhe zu finden und die nötige Ausgeglichenheit, um mit ein wenig Humor sein eigenes Spiegelbild zu erkennen. Ich weiß, das ist nicht immer ganz einfach.

Ich freue mich deshalb sehr, dass Sie mein Buch in Händen halten und ich Ihnen erklären darf, wie Sie an sich arbeiten können, um eine glückliche Mensch-Hund-Beziehung zu führen. Wer mich kennt, weiß, dass ich kein großer Fan von Theorie oder Technik in der Mensch-Hund-Beziehung bin. Meiner Überzeugung nach ist unsere Beziehung zum Hund instinktiv. Um unseren Hund zu verstehen, brauchen wir nur unsere innere Stimme zu wecken und wieder mehr auf unser Bauchgefühl zu vertrauen.

Es geht mir in diesem Buch auch darum, Ihnen die Ängste zu nehmen, einfach wieder auf Ihr Bauchgefühl zu hören und selbst zu erkennen, wann Ihr Hund sich an Ihrer Seite sicher und geborgen fühlt.

Mithilfe meines sechs Monate alten Dobermanns Fred stelle ich Ihnen meinen Weg vor und erfülle mir damit einen großen Wunsch. In den letzten Jahren habe ich so viel Neues durch meine Hunde, aber auch durch meine Kunden gelernt. Mir ist bewusst geworden, dass viele Menschen Schwierigkeiten haben, einen einfachen und plausiblen Weg zu finden, um eine gute Basis zu ihrem Hund zu finden. Durch dieses Buch habe ich die Gelegenheit, Ihnen aufzuzeigen, wie einfach es sein kann, eine gute und glückliche Beziehung zu seinem Hund aufzubauen. Dabei ist es unwichtig, woher Ihr Hund kommt, ob es sich um einen Rassehund vom Züchter oder einen Hund aus dem Tierschutz handelt, ob der Hund eventuell extrem verunsichert ist oder schon als Problemhund kategorisiert wurde.
Für all diese Hunde und ihre Menschen, die mit ihnen glücklich werden möchten, habe ich dieses Buch geschrieben. Mir geht es dabei nicht um Wissenschaft und komplizierte Erklärungen, es geht mir vielmehr um vier einfache Schritte, die Sie brauchen, um eine gute Basis für Ihr Zusammenleben zu erreichen. Mit dieser Basis erwerben Sie die Grundlage, um mit Ihrem Hund zu kommunizieren und das gemeinsame Leben zu genießen.

Die heutige Gesellschaft verhindert oftmals, dass wir unseren Gefühlen vertrauen und so haben wir vergessen, wie klar und logisch die Beziehung zu unserem Hund sein kann. Ich möchte, dass Sie mit diesem Buch zurück zu Ihren Wurzeln finden und sich trauen, auf Ihre Instinkte zu hören. Dann können Sie sich Zeit nehmen, auch sich selbst neu zu entdecken und die besondere Beziehung zwischen Mensch und Hund zu genießen.

In den folgenden vier Kapiteln möchte ich Ihnen mein Werkzeug an die Hand geben, das Ihnen zu jeder Zeit hilft, einen Spiegel hochzuhalten, um zu erkennen, was Sie verändern können, damit es in Ihrer Mensch-Hund-Beziehung wieder gut läuft. Nach vielen Jahren eigener Erfahrung bin ich glücklich, diese Gelegenheit nutzen zu können, Ihnen mit diesem Buch dabei zu helfen, sich ohne Probleme auf das Wunder Hund einzulassen.

José Arce

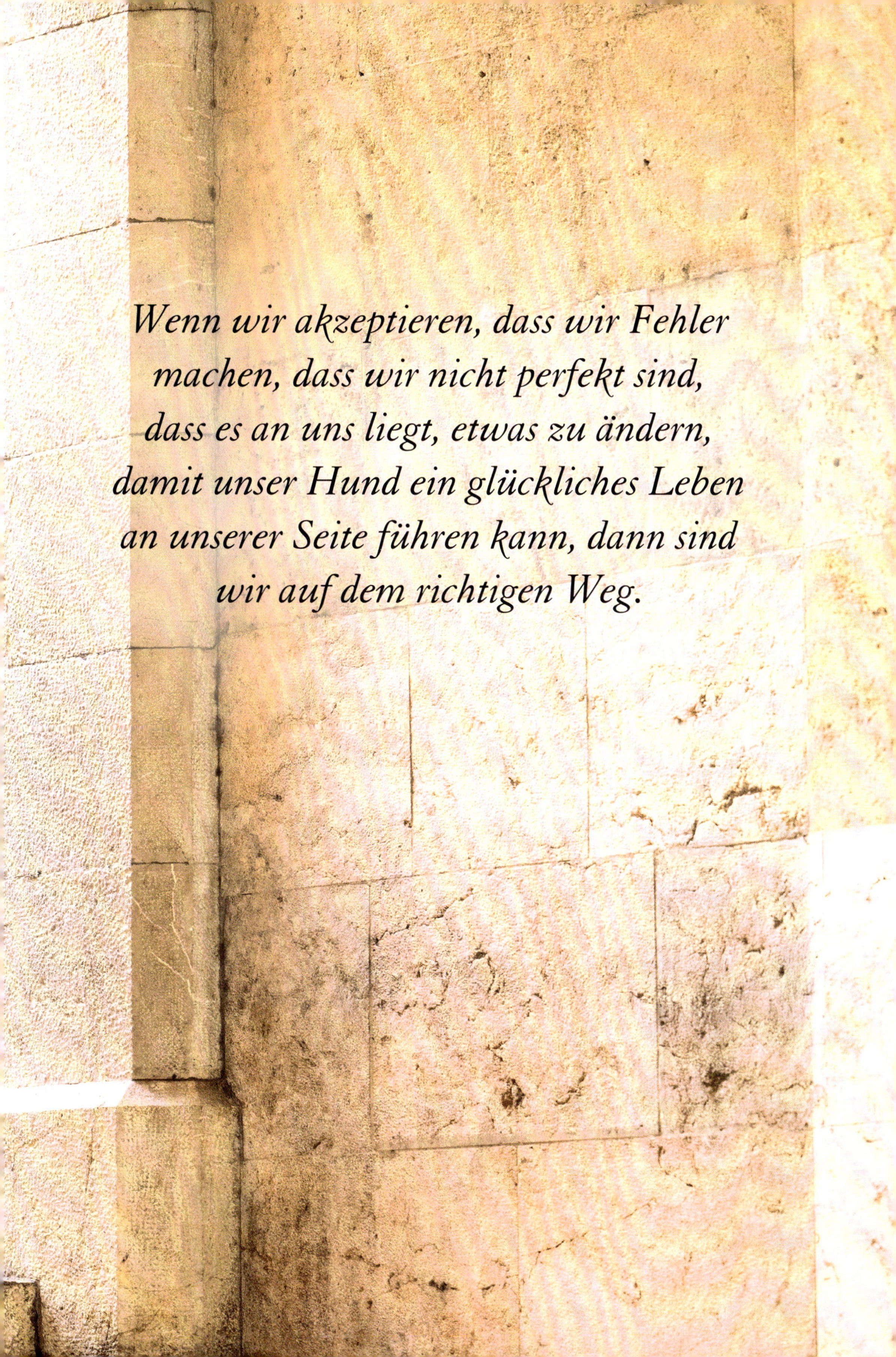
Wenn wir akzeptieren, dass wir Fehler machen, dass wir nicht perfekt sind, dass es an uns liegt, etwas zu ändern, damit unser Hund ein glückliches Leben an unserer Seite führen kann, dann sind wir auf dem richtigen Weg.

INHALT

ERKENNE DEINEN HUND

Der erste Schritt für ein harmonisches Miteinander zwischen Mensch und Hund ist, den Hund zu erkennen als das, was er ist – nämlich ein Hund!
Das klingt sehr einfach, aber viele von uns vergessen genau das. Besonders, wenn es zu Problemen kommt. Der Hund, dieses wunderbare Wesen, mit dem wir unser Leben teilen, ist das Ergebnis einer Jahrtausend währenden Beziehung zwischen Mensch und Hund. Das zu verstehen ist der erste Schritt, den wir gehen müssen, um unseren Hund zu erkennen und ihm zu geben, was er braucht – einen Menschen an seiner Seite, der die Verantwortung übernimmt.

EVOLUTION HUND

Hunde sind nicht einfach domestizierte Wölfe. Hunde haben sich unserem Lebensstil über Jahrtausende perfekt angepasst. Sie gehören zu uns und zu unserem Leben. Wir Menschen sind verantwortlich dafür, was sie geworden sind. Sie gehören zu unseren ältesten Haustieren und lebten schon mit Menschen zusammen, lange bevor diese sesshaft wurden. Letztendlich können wir aber nur spekulieren, warum sich Mensch und Wolf vor vielen Jahrtausenden zusammengetan haben. Vielleicht war es die ähnliche Lebensweise? Beide lebten in Gruppen und jagten im Verband. Über viele Tausend Jahre wurde so aus einem wilden Tier unser bester Freund und Gefährte, auf den wir uns verlassen können. Und seien wir mal ehrlich, gibt es etwas Schöneres, als zusammen mit unserem Hund der Natur und unseren Instinkten wieder ein Stück näher zu sein?

Für manche Menschen sind es die Pflanzen, die man sich in die Wohnung stellt, oder ein exotisches Tier, das bei uns lebt. Für viele aber ist es der Hund, denn der Hund macht es uns durch seine kompromisslose Art und tiefe Freundschaft sehr einfach, eine gute Beziehung zu ihm aufzubauen. Durch ihn finden viele Menschen den Freund, den sie unter ihresgleichen vermissen.

Der Hund fühlt sich wohl, wenn er ein Familienmitglied sein kann. Damit meine ich natürlich auch ein Mitglied bei einem einzelnen Menschen oder in einer Gruppe von Menschen wie zum Beispiel einer Familie. Also ist es unsere Aufgabe, unserem Hund diese Geborgenheit zu vermitteln, innerhalb unserer Familie oder an unserer Seite. Wir Menschen müssen dafür sorgen, dass der Hund den Platz findet, an dem es ihm gut geht. Schauen wir uns doch einmal auf der Welt um! Egal wo, ob in Europa oder zum Beispiel in Afrika – dort, wo Menschen leben, leben auch Hunde. Das zeigt, dass die Bindung zwischen Hund und Mensch überall auf der Welt vorhanden ist, und das wiederum bedeutet, dass diese Bindung nicht erst mühsam aufgebaut werden muss. Grundsätzlich besteht sie bereits! Das Tolle ist, Hunde können unsere kommunikativen Gesten deuten. Auch das müssen Hunde nicht erst lernen, sie verstehen uns intuitiv. Diese Vorteile machen die Mensch-Hund-Beziehung grundsätzlich einfach.

Wird der Hund aber zur Projektionsfläche menschlicher Sehnsüchte und begegnen wir ihm nicht mehr auf Augenhöhe, dann verlieren wir diese natürliche und instinktive Bindung. Unser Hund fühlt sich dann nicht mehr wohl und ist auch nicht mehr bereit, sich uns und unserem Leben anzupassen.

BEZIEHUNGSGRUNDLAGEN

1. Den Hund als Hund erkennen.
2. Die Beziehung und Bindung zum Hund durch eine richtige Struktur stärken.
3. Sich selbst erkennen, um dem Hund Ruhe und Sicherheit zu schenken.

Damit Sie die Beziehungsgrundlagen verstehen, sollten Sie mehr über die Hintergründe der Mensch-Hund-Beziehung erfahren, denn das ist meine Überzeugung: Wir sollten verstehen, dass Mensch und Hund sich gemeinsam weiterentwickelt haben. Jeder von uns, und da meine ich nicht nur den Hundebesitzer, sollte wissen, wie Hunde entstanden sind und wie wichtig sie in der Geschichte der Menschheit waren und sind. Das Leben, so wie wir es heute kennen, wäre ohne die gemeinsame Evolution, ohne den Partner Hund an unserer Seite, mit Sicherheit anders verlaufen. Umso mehr sollten die Menschen, die sich eine wahre Beziehung zu ihrem Hund wünschen oder diese verbessern möchten, die gemeinsame Geschichte kennen. Denn der Hund ist – wie der Mensch – ein soziales Wesen, was sich in seiner Treue und Anpassungsfähigkeit sowie in seinem Bedürfnis nach Zuwendung und Zusammenhalt äußert. Der Hund hat in der Mensch-Hund-Beziehung den Status eines sozialen Partners, sodass diese Beziehung der einer persönlichen zwischenmenschlichen Beziehung nahekommt. Daher ist es wichtig, dass wir die Entwicklungsgeschichte des Hundes kennen, um Zusammenhänge besser zu verstehen.

Dass sich aus dem Wolf einmal der beste Freund des Menschen entwickeln sollte, ist zunächst sehr verwunderlich. Denn Wölfe lebten in Konkurrenz mit den Menschen. Der frühe Mensch lebte wie der Wolf in Gruppen: Er jagte dasselbe Großwild, mit denselben kollektiven Methoden, im selben Biotop. Mensch und Wolf ziehen ihren Nachwuchs als Gruppe auf und sind innerhalb dieser hoch sozial. Beide leben in einer Familienstruktur.

Die Basis einer guten Beziehung ist, wenn sich der Hund an unserer Seite sicher fühlt und sich auf uns verlassen kann! Nur dann schaffen wir die Grundlage, dass er sich auf seine natürliche Art zeigt. Als bester Freund des Menschen, so wie wir es uns immer wünschen.

Entscheidend waren wohl die sozialen Faktoren, die das Bündnis zwischen Mensch und Wolf überhaupt ermöglichten. Diese Faktoren sind heute die Basis für unsere Mensch-Hund-Beziehung. Kennen wir also die Entwicklungsgeschichte des Hundes, verstehen wir unseren Hund und auch uns selbst ein bisschen besser. Es gibt mehrere Hypothesen zur Domestikation der Hunde. Die damaligen Wölfe haben sich wahrscheinlich in sesshafte und migrierende Wölfe aufgeteilt. Dabei haben sich die sesshaften, weniger scheuen Wölfe und die damaligen Menschen im gemeinsamen Biotop angenähert. Für beide Seiten gab es Vorteile einer Kooperation: Der Mensch hatte seine Waffen und das Feuer, der Wolf hatte die schärferen Sinne und Kraft.

Die zum Hund evulutionierten Wölfe lagerten in der unmittelbaren Nähe der Menschen und bewachten diese. In dieser Entwicklungsstufe, in der sich das Tier dazu entschlossen hat, Abfälle der Menschen zu fressen und sich in deren Nähe sicherer zu fühlen, ist der Moment, in dem der Mensch begonnen hat, die Verantwortung für das Tier zu übernehmen. Durch das erfolgreiche Zusammenleben beider Spezies hatten unsere Vorfahren, aber auch die Hunde, Erfolg im Überlebenskampf. Der Hund ordnete sich schließlich in die menschliche Gruppe ein und wurde so zum wichtigsten Arbeitspartner und zu unserem besten Freund. Noch immer ist nicht endgültig geklärt, wann der heutige Haushund entstand. Unumstritten ist dagegen, dass er vom Wolf abstammt. Viele Wissenschaftler gehen davon aus, dass sich

Wolf und Mensch vor ungefähr 33 000 Jahren annäherten und sich so der heutige Hund entwickelte. Als die Menschen sesshaft wurden und Ackerbau sowie Viehzucht wichtiger wurden als die Jagd, kamen Hirten- und Wachhunde hinzu. Das bedeutet, genau zu diesem Zeitpunkt hatten die damaligen Menschen den Hund bereits als sozialen Partner in ihre Familie aufgenommen, in der er sich sicher fühlte und mit Nahrung versorgt wurde. Die Sicherheit, die der Wolf in seinem Rudel hat, hat der domestizierte Hund bei seinen Menschen. Hunde sind soziale Tiere und leben lieber mit Menschen zusammen, als allein zu sein. Heute werden Hunde vor allem als Haustier verwöhnt, während sie in den Entwicklungsländern oft verwahrlost auf der Straße leben.

Schon bald begann der Mensch, Hunde mit bestimmten Eigenschaften gezielt zu kreuzen und somit zu züchten. Deswegen gibt es heute etwa 350 verschiedene Hunderassen. Ihre soziale Ader macht Hunde nicht nur zu Weggefährten, sondern auch zu Helfern: zum Beispiel als Blindenhunde, Polizeihunde oder Therapiehunde.

Hunde erkennen uns als Familienmitglied an und das ermöglicht unser Zusammenleben. Heutzutage toben auf der Hundewiese Deutsche Doggen neben winzig kleinen Minihunden. An einen wilden Wolf erinnert kaum noch einer dieser vielen Hunderassen oder Mischlinge.

Aber warum haben wir heute so viele Probleme mit unseren Hunden? Wie haben die Menschen es denn früher gemacht? Es gab keine Hunderatgeber oder Therapeuten und Trainer. Lag es daran, dass die Hunde früher alle eine Aufgabe hatten?

Diese Menschen waren nicht schlauer als wir heute, aber sie haben auf ihre Instinkte vertraut. Kehren Sie zurück zu Ihren Instinkten und Gefühlen! Ein Hund möchte Kontakt zum Menschen – ob er ihn kennt oder nicht. Kein anderes Tier hängt so sehr an uns Menschen wie der Hund. Er möchte unser Begleiter sein, ein Teil unserer Familie, nur dann fühlt er sich wohl. Es gibt nichts Schöneres, als mit einem Hund zusammenzuleben, gemeinsam voneinander zu lernen und sich bestenfalls zu einem guten Team zu entwickeln. Das Zusammenleben mit einem Hund verändert uns Menschen, und es ist nichts Neues, wenn ich Ihnen sage, dass wir ohne unsere Haustiere nicht da wären, wo wir heute sind. Pferde, Kühe, Schafe, Katzen und viele weitere Tiere waren und sind immer noch ein wichtiger Bestandteil unserer Entwicklung. Natürlich muss ich hier betonen, dass es ein Tier gibt, das die Entwicklung der Menschheitsgeschichte besonders geprägt hat. Mit diesem Tier meine ich unseren Hund! Unsere heutigen Hunde haben sich zu wahren Menschenkennern entwickelt. Sie deuten unsere Mimik und spüren sofort, wenn es uns nicht gut geht oder wenn wir unkonzentriert oder aufgeregt sind. Dann sind sie ein Spiegel unseres Selbst und reagieren wie wir, entweder ruhig und aufmerksam oder eben aufgeregt und unkonzentriert. Hier spreche ich auch gern von einer Spiegelung.

Als ich den Entschluss fasste, Menschen mit Hunden zu helfen, war mir eines klar: Ich musste zuerst verstehen, warum Menschen Probleme haben und warum ihre Beziehung zum Hund nicht so klar ist wie die, die ich zu meinen Hunden habe. Aus der Erfahrung meiner Arbeit heraus habe ich erkannt, dass die meisten Menschen immer wieder dieselben Probleme in der Beziehung zu ihrem Hund haben, oftmals bewusst, manchmal auch unbewusst. Viele Menschen verstehen nicht …

— was es bedeutet, ein Hund zu sein.
— was Freiheit für einen Hund bedeutet.
— wie wichtig Struktur für einen Hund ist.

Doch verstehen wir diese drei Punkte nicht, ist es schwierig, unserem Hund die nötige Sicherheit zu geben. Das wiederum verunsichert den Hund und Missverständnisse in der Mensch-Hund-Beziehung sind vorprogrammiert.

WARUM MENSCHEN PROBLEME HABEN

Nicht selten haben Menschen zum Beispiel Probleme mit der Hundeleine, oder sie vereinnahmen ihren Hund so sehr, dass dieser kaum noch Hund sein darf. Ein wichtiger Grund, warum Menschen ein Problem mit ihrem Hund haben, ist auch, dass sie so sehr mit sich selbst und ihren eigenen Problemen beschäftigt sind, dass sie die Bedürfnisse ihres Hundes vernachlässigen bzw. gar nicht sehen. Diese Missverständnisse in der Mensch-Hund-Beziehung sind der Grund, warum der Hund seinen Menschen nicht versteht. So ergeben sich automatisch weitere Probleme in der Mensch-Hund-Beziehung wie zum Beispiel bei Hundebegegnungen, das Nicht-allein-bleiben-Können oder ganz einfach das An-der-Leine-Ziehen. Erst wenn man sich dieser Probleme bewusst wird, erkennt man, leider oftmals viel zu spät, dass sie auch die eigene Beziehung zum Hund negativ beeinflussen. Der Hund ist dann aber schon lange verunsichert.

Um dem Menschen zu helfen, seinen Hund zu verstehen, ist es für mich wichtig, zuerst den Menschen als das zu erkennen, was er ist und seine Persönlichkeit zu ergründen. Ich habe nie die Erwartung, dass jemand alles genauso macht wie ich. Aber schon im Erstgespräch erkenne ich häufig, dass den Menschen die Grundkenntnis über Hunde fehlt. Viele Menschen haben sich mit dem Wesen Hund nicht ausreichend beschäftigt. Diese Grundkenntnis ist aber wichtig, damit der Mensch seinem eigenen Hund eine gute Struktur geben kann, in der sich dieser wohl und sicher fühlt und sich so artgerecht an der Seite seines Menschen entwickeln kann. Ist das nicht gegeben, ist die Beziehung zwischen Mensch und Hund zerstört. So dramatisch das auch klingen mag, es ist eine Tatsache, denn es passiert jeden Tag in vielen Mensch-Hund-Beziehungen.

Für mich steht eines fest: Bricht das Fundament, fällt alles in sich zusammen. Das ist das, was ich den Menschen erklären möchte. Versteht man seinen Hund nicht als Hund, ist man nicht in der Lage, ihm die Sicherheit und Struktur zu geben, in der man sich selbst wohlfühlt. Und dann ist man schnell verunsichert und sofort dabei, alles zu hinterfragen: Ist das gut oder nicht? Muss der Hund viel ohne Leine laufen oder nicht? Soll er viel Kontakt mit anderen Hunden haben oder wenig?
Bei so vielen Fragen rückt das Wichtigste für den Hund schnell in den Hintergrund. Nämlich, wie wichtig für ihn die Beziehung zu seinem Menschen ist! Leider wird dieser Fehler sehr häufig gemacht, weil man nicht erkennt, was für seinen Hund das Wichtigste im Leben ist. Man erkennt nicht die Natur des Hundes.

Ich kann das gut nachvollziehen, denn die heutige Gesellschaft trägt nicht dazu bei, die Natur des Hundes und seine Bedürfnisse zu verstehen. Das kann man unter anderem deutlich an den in Mode kommenden Hunderassen sehen. Hier wird sichtbar, dass wir den Kontakt zur Natur längst verloren haben. Winzige, süße und knuddelige Hunde, die uns das Gefühl geben, in den Arm genommen werden zu wollen, das ist aktuell Mode auf dem Hundemarkt. Diese Hunde haben nichts mit dem gemeinsam, wofür der Hund ursprünglich von uns Menschen gedacht war. Trotzdem haben auch sie ihre Berechtigung in der heutigen Menschenwelt. Doch wir dürfen sie nicht als ein Accessoire behandeltn, ohne den Respekt, den sie als Hund brauchen. Egal, wie wir Menschen ticken und was wir selbst brauchen, diese Hunde verdienen trotz allem unseren Respekt, denn sie bleiben ein Hund!

Es gibt natürlich auch Menschen, die sich eine bestimmte Rasse anschaffen, um etwas Besonderes darzustellen. Dabei handelt es sich oftmals um sehr imposante oder große Hunde oder Hunde, die aus optischen Gründen ausgesucht wurden. Hier haben die Menschen oftmals völlig falsche Erwartungen an die Rasse und manchen ist überhaupt nicht bewusst, wofür sie ursprünglich gezüchtet wurde. Die Menschen haben nicht verstanden, dass diese Hunde vielleicht gar nicht zu ihnen passen. Dementsprechend oft haben sie auch Probleme.

Doch warum fällt es so vielen Menschen schwer, den Hund als Hund zu begreifen? Die Antwort darauf ist eigentlich ganz einfach. Unsere Gesellschaft lehrt uns etwas Falsches im Umgang mit dem Hund. Egal, ob man auf die Werbung schaut oder

Promis mit ihren Hunden sieht – hier wird nie das eigentliche Wesen des Hundes sichtbar. Auch besinnen sich viele Menschen auf ihre Kindheit und erinnern sich, wie ihre Eltern oder Großeltern mit den Hunden umgegangen sind. Sie wiederholen bedauerlicherweise alte Verhaltensmuster im Umgang mit Hunden, die sie bisher für richtig hielten, die aber schon immer falsch waren. Diese Erkenntnis ist natürlich besonders schwer zu akzeptieren, denn wer gibt schon gern zu, dass in der Vergangenheit etwas schiefgelaufen ist?

Es kann auch zu Missverständnissen führen, wenn man als Kind mit Hunden aufgewachsen ist und damals die Beziehung zum Hund genießen konnte, da die Eltern die Verantwortung für ihn getragen haben. Wünscht man sich nun als Erwachsener, dass sich diese Beziehung aus der Kindheit wiederholt, wissen viele bedauerlicherweise nicht, wie wichtig es ist, nun selbst die Verantwortung für seinen Hund zu übernehmen. Sie fokussieren sich auf die Beziehung, die sie als Kind mit dem Hund hatten, und blenden die heutige Realität aus.

Die Beziehung zu unserem Hund ist etwas Einzigartiges und sehr Persönliches. Daher ist es meist sehr schwer zu verstehen und zu realisieren, dass zum Beispiel der eigene Hund aggressiv ist oder sich anderen Hunden gegenüber schlecht verhält – wo er doch der liebste und beste Hund der Welt ist! Treten solche Problemen auf, ist es schwer zu akzeptieren, dass es an der eigenen Mensch-Hund-Beziehung liegt. Man sucht die Schuld meist bei den anderen und nicht bei sich selbst. Häufig sucht man die Schuld auch bei seinem Hund. Doch es liegt nicht in der Natur der Hunde, uns unsere Fehler aufzuzeigen. Denn ein Hund zeigt seinem Menschen gegenüber eine kompromisslose Liebe.

Mir tut es in der Seele weh, wenn ich sehe, dass der Mensch nicht erkennt, dass er und nicht sein Hund das Problem ist. Er versteht die Natur eines Hundes nicht und ist davon überzeugt, alles richtig zu machen. Manchmal kommt mir das so vor wie ein Mensch, der ein bisschen zu viel getrunken hat, aber immer noch fest daran glaubt, Autofahren zu können. Doch ich kann Ihnen versichern, die Probleme in der Mensch-Hund-Beziehung kommen vom Mensch und nicht vom Hund.

Egal, um welches Problem es sich handelt, ob es dabei um Hundebegegnung geht oder der Hund jeden Jogger anbellt, die Ursache liegt beim Hundebesitzer. Alle diese Probleme und auch viele andere werden vom Menschen verursacht.

Das heißt nicht, dass es in der besten Beziehung nicht auch zu Schwierigkeiten kommen kann. Das gilt für zwischenmenschliche Beziehungen genauso wie für Mensch-Hund-Beziehungen. Diesen Teufelskreis, der sich bei fast jedem meiner Kunden wiederholt, beobachte ich immer wieder. Deshalb möchte ich Ihnen eines an die Hand geben: Vergessen Sie nicht, Probleme gehören zum Zusammenleben dazu, gemeinsam muss man alle Herausforderungen überwinden. Nur so wächst man zusammen und stärkt die Beziehung zu seinem Hund. Sie sollen sich also auf keinen Fall schlecht fühlen, jeder hat eine Vorgeschichte. Auch ich!

Das Wichtigste ist, dass Sie beim Lesen des Buches verstehen, was falsch gelaufen ist, dass Sie erkennen, welche Natur und welche Bedürfnisse Ihr eigener Hund hat – nur dann, wenn Sie das erkannt haben, können Sie neu beginnen.

VERANTWORTUNG ÜBERNEHMEN

Durch die Evolution und Domestizierung nehmen uns unsere Hunde als Familienoberhaupt an. Durch diese Entwicklung erwartet der Hund von uns, dass wir für ihn sorgen. Dazu müssen wir ihn aber als Hund verstehen und erkennen. Und nur dann können wir ihm eine richtige Struktur an unserer Seite geben, durch die er sich sicher fühlt. Das klingt alles sehr einfach, doch viele Menschen verstehen diese evolutionäre Entwicklung nicht oder sie können sie nicht wahrnehmen. Die Konsequenz ist ein unsicherer Hund. Sichtbar wird dies an einem Verhalten, das wir als Problem betrachten. Und leider bemerken wir dieses Problem erst, wenn es uns stört. Doch dieses Problem hat sich schon viel früher etabliert, durch eine falsche Information an den Hund, übermittelt von uns Menschen.

Vielen von uns ist zum Beispiel nicht bewusst, wie wichtig es ist, einem Welpen von Anfang an zu zeigen, dass er auch einmal allein zu Hause bleiben muss. Kommt dann irgendwann der Zeitpunkt und der Hund muss allein bleiben, ist er darauf nicht vorbereitet. Der Hund leidet und für uns wird sein Verhalten erst jetzt zum Problem, denn wir können vielleicht nicht zur Arbeit gehen oder einen Termin nicht wahrnehmen.

Auch wenn wir der Meinung sind, unseren Hund nie allein lassen zu müssen, ist es wichtig, dass er es lernt. Baut man das Alleinbleiben richtig auf, gibt man seinem Hund Sicherheit und er muss nicht leiden, wenn hin und wieder niemand zu Hause ist. Dem Hund die Chance zu geben, sich allein zu Hause sicher zu fühlen, sagt übrigens auch viel über die Mensch-Hund-Beziehung aus.

Wir übernehmen Verantwortung, wenn wir unserem Hund zeigen, dass er sich ausruhen kann, wenn wir das Haus verlassen. Das Gleiche passiert im Alltag, draußen beim Spazierengehen, wenn der Hund schlecht auf äußere Eindrücke wie zum Beispiel Autos, andere Hunde oder vielleicht sogar Menschen reagiert.
Dieses Verhalten ist normal für einen Welpen oder jungen Hund oder einen Hund, der erst vor Kurzem zu uns gekommen ist. In diesen Fällen ist die Beziehung der Hunde zu ihrem Menschen noch nicht gewachsen. Das kann man aber ganz schnell verbessern, indem man seinem Hund in dieser Situation zeigt, dass man als Mensch die Verantwortung übernimmt. Im Anfangsstadium der Mensch-Hund-Beziehung sollen Hunde merken, dass sie sich an unserer Seite sicher fühlen können. Wenn sie das nicht spüren, werden sie genau auf diese äußeren Eindrücke schlecht reagieren. Bemerkt man also, dass sein Hund Probleme auf dem Spaziergang hat, kann man davon ausgehen, dass er noch nicht verstanden hat, wer die Verantwortung trägt. Die Beispiele könnten wir endlos fortsetzen, das Ergebnis bliebe dasselbe.

Der Mensch merkt erst, dass er ein Problem hat, wenn der Hund schon längst erkannt hat, dass der Mensch die Verantwortung nicht trägt.

Warum fällt es Menschen so schwer, Verantwortung zu übernehmen? Sie kennen die Antwort! Wer seinen Hund kennt, dem fällt es nicht schwer, Verantwortung zu tragen. Es ist ähnlich wie bei unseren Kindern. Wir begleiten unsere Kinder, wir nehmen sie an die Hand, bis sie so weit sind, selbstständig im Leben zurechtzukommen. Wer seinen Hund versteht und ihn als Hund erkennt, würde das Gleiche mit ihm machen. Es gibt nur einen Unterschied: Unser Hund wird sich nicht irgendwann unabhängig von uns machen, unsere Kinder schon.

Eines dürfen wir nicht vergessen: Unsere Haushunde verfügen noch immer über ihre natürlichen Instinkte. Ignorieren wir die natürlichen Bedürfnisse unseres Hundes, besteht die Gefahr, dass diese Instinkte leicht die Oberhand gewinnen. Das Ergebnis ist, dass diese Hunde nicht auf uns achten, nicht gut an der Leine laufen können oder ununterbrochen kläffen.

Ärger mit anderen Hunden und Menschen ist dann vorprogrammiert, und das Ergebnis ist ein unzufriedener Mensch mit seinem unzufriedenen Hund. Wir müssen ein Umfeld schaffen, in dem sich unser Hund wohlfühlen kann, in dem er sich auf uns verlassen kann – wir sind seine Familie. Unsere Haushunde brauchen uns als verlässlichen Partner und wir übernehmen für eine sehr lange Zeit Verantwortung. Ein Hund benötigt von uns eine Menge Aufmerksamkeit und viel Zeit, in der wir ihm ein artgerechtes Leben ermöglichen.

Damit Ihr Hund an Ihrer Seite glücklich und ausgeglichen ist, müssen Sie verstehen, welche Bedürfnisse Ihr Hund hat und was er von Ihnen und Ihrem Lebensumfeld erwartet. Es reicht nicht, ab und zu mit ihm spazieren zu gehen und ihm gelegentlich Liebe und Streicheleinheiten zu schenken. Hunde brauchen einen Menschen, bei dem sie sich sicher und geborgen fühlen. Damit sich Ihr Hund wohlfühlt, braucht er eine Beziehung zu Ihnen und/oder seiner Familie, er möchte Teil dieser Familie oder seines Menschen sein und sein Begleiter. Dabei macht er es Ihnen sehr einfach – Hunde können sich dem Leben des Menschen perfekt anpassen. Sie müssen nur darauf achten, dass Ihr Hund spürt, dass Sie für ihn da sind. Wenn Ihr Hund spürt: das ist mein Zuhause, das ist mein Mensch, das ist meine Familie – für immer –, dann kann er bei Ihnen glücklich werden!

Damit sich ein Hund bei uns wohlfühlen kann, ist es unablässig, dass wir Regeln aufstellen. Das ist nicht anders als bei einem Kind, das sich ohne Regeln verlieren würde. Ist uns bewusst, dass wir die Verantwortung für dieses Lebewesen tragen, dann ist einer der wichtigsten Grundsteine unserer Mensch-Hund-Beziehung gelegt. Viele von uns haben jedoch Probleme damit, durch Regeln die Freiheit ihres Hundes einzuschränken. Doch genau das Gegenteil ist der Fall: Stellen wir keine Regeln auf und geben wir ihm keine Struktur in unserem Alltag, respektieren wir nicht seine Natur. Ein Hund muss erkennen, dass wir für ihn die Regeln aufstellen, um sich an unserer Seite sicher zu fühlen. Nur wenn unser Hund spürt, dass wir die Verantwortung tragen und das tägliche Leben eine Struktur hat, kann er sich bei uns sicher und geborgen fühlen, nur dann weiß er, wohin er gehört. Doch vielen Hundebesitzern ist leider nicht bewusst, wie wichtig es ist, genau diese Sicherheit zu vermitteln.

Eigentlich ist es relativ einfach: Wenn wir uns so verhalten, wie unser Hund es braucht, und wenn wir im Umgang mit ihm möglichst ruhig und sicher sind, so wie es ein gutes Familienoberhaupt sein sollte, wird es in unserer Mensch-Hund-Beziehung vermutlich keine Probleme geben, denn dann stimmt die Basis.

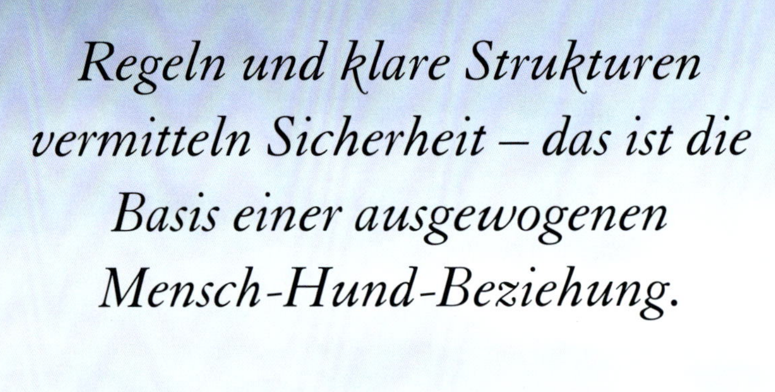

Regeln und klare Strukturen vermitteln Sicherheit – das ist die Basis einer ausgewogenen Mensch-Hund-Beziehung.

TECAM

Doch ohne es zu merken, übernehmen viele Hundebesitzer bereits zu Hause keine Verantwortung für ihren Hund. Es wird nicht darauf geachtet, dass der Hund seinen Platz hat und Regeln befolgt. Vieles passiert ganz nebenbei, ohne darüber nachzudenken. Ein Beispiel: Besucher betreten das Haus und es wird nicht dafür gesorgt, dass der Hund ruhig bleibt. Es wird häufig nicht einmal darauf reagiert, wenn ein Besucher angesprungen wird. Der Hundebesitzer hat auch nicht dafür gesorgt, dass sein Hund einen Platz zum Ausruhen hat, an dem er sich sicher fühlt. Dabei sind die meisten Menschen noch davon überzeugt, dass sich ihr Hund im Haus sicher und geborgen fühlt. Aber sobald es an der Tür klingelt, merken sie, dass sie keine Kontrolle über ihren Hund haben, wenn dieser auf die Haustür zustürmt und wie verrückt bellt.

Noch deutlicher sieht man es auf dem Spaziergang, ob der Hundebesitzer die Verantwortung trägt und sich sein Hund an seiner Seite sicher fühlt. Läuft beim Spaziergang alles aus dem Ruder, kläfft der Hund jeden anderen Hund an oder jagt er jedem Fahrradfahrer oder Jogger hinterher, dann spätestens sollte man erkennen, dass der Hund nicht verstanden hat, wer für seine Sicherheit sorgt und wer hier die Verantwortung trägt.

Fühlen Sie sich angesprochen? Dann geben Sie bitte nicht Ihrem Hund die Schuld an seinem Verhalten. Aber auch Sie müssen nicht gleich verzweifeln. Ihr Hund hat einfach noch nicht verstanden, was Sie von ihm möchten. Ihm geht es mindestens genauso schlecht wie Ihnen, denn er ist mit dieser Aufgabe überfordert und sein Verhalten schreit nach Hilfe. Helfen Sie Ihrem Hund, indem Sie ihm zeigen, dass Sie für ihn da sind. Für Ihren Hund ist es wichtig, dass er weiß, dass er Ihnen vertrauen kann, und dass er an Ihrer Seite die Sicherheit hat, die er in der Welt der Menschen braucht. Nur so kann sich Ihr Hund zu dem Hund entwickeln, von dem Sie geträumt haben – einem treuen und ruhigen Begleiter. Das kann aber nur funktionieren, wenn ...

- Sie Ihren Hund als Hund erkennen.
- Sie für eine klare Struktur sorgen.
- Sie selbst an Ihrem Verhalten und Ihrer Ausstrahlung arbeiten.

Ich versichere Ihnen, alle Hunde haben das Potenzial, der beste Begleiter ihres Menschen zu sein. Doch wir dürfen uns nicht aus der Verantwortung stehlen, wir müssen unseren Hund in unser Leben lassen, dürfen ihn nicht ausschließen oder nur partiell an unserem Leben teilhaben lassen.

Hunde sind für viele von uns wie unsere Kinder, wir nehmen sie an die Hand und beschützen sie. Ein Kind spürt sofort, dass es an der Seite seiner Eltern sicher ist. Nichts anderes ist es bei unserem Hund. Wir müssen erkennen, dass wir ein Lebewesen an unserer Seite haben, das, wenn es sich bei uns nicht sicher fühlt, leidet und unglücklich ist. Hunde brauchen uns als Menschen, als Familie.
Um „Verantwortung" zu verstehen, möchte ich, dass Sie wissen, was das Ergebnis der Jahrtausende währenden Evolution und Entwicklung ist:

1. Wir Menschen sorgen für unseren Hund, indem wir ihm ein Zuhause geben, in dem er sich sicher und wohlfühlen kann.
2. Wir erfüllen seine Lebensgrundlagen wie Ernährung und Gesundheit.
3. Der Hund soll ein Teil unserer Familie sein, und das bedeutet Liebe.

Liest man diese drei Punkte, wird man feststellen, dass sich diese Grundlagen nicht wesentlich von denen unterscheiden, die ein Mensch braucht. Auch in der menschlichen Entwicklung waren sie lebenswichtig. Diese Grundlagen galten damals vor 30 000 Jahren und gelten noch heute. Und sollten Menschen irgendwann auf einem

anderen Planeten leben, wird sich daran nichts ändern. Auch wenn Sie sich selbst einmal fragen: Was ist für mich wichtig und wo trage ich die Verantwortung? Oder: Was würde mir den Boden unter den Füßen wegziehen, wenn ich es verlieren würde? Egal wie verschieden wir sind, diese drei Punkte sind für jeden von uns wichtig. Jeder braucht ein Zuhause, in dem er sich wohlfühlt, Ernährung/Gesundheit und Liebe.

Hapert es aber an einem dieser Punkte, kippt die Balance und wir reagieren entsprechend. Dann übernehmen wir die Verantwortung und sorgen dafür, dass die Balance wieder in Ordnung kommt. Was ich damit sagen möchte, ist, dass ein Hund nicht in der Lage ist, für diese Balance zu sorgen. Das ist ähnlich wie bei unseren Kindern. Es bedeutet aber nicht, dass die Beziehung zwischen Mensch und Hund eine ausgeglichene Beziehung ist, wenn wir ihm ein Heim, Ernährung/Gesundheit und Liebe geben. Der Hund muss auch spüren, dass wir die Verantwortung für dieses Heim, seine Ernährung/Gesundheit und für unsere Liebe tragen. Merkt er dagegen, dass wir keine Verantwortung übernehmen, fühlt er sich bei uns unsicher. Und dann wird er mit dem reagieren, was wir ein Problem nennen.

WAS BEDEUTET FREIHEIT FÜR MEINEN HUND?

Erkennt man seinen Hund als Sozialpartner an und weiß von unserer Koevolution, dann weiß man die Antwort auf die obige Frage: Der Hund fühlt sich wirklich frei, wenn er sich auf seinen Menschen verlassen kann. Die meisten Menschen, die Probleme mit ihrem Hund haben, sind jedoch nicht in der Lage, das zu verstehen. Viele Probleme in der Mensch-Hund-Beziehung entstehen, wenn der Mensch die Freiheit seines Hundes falsch versteht und seine Natur nicht respektiert.
Die Mehrheit meiner Kunden hatte Schwierigkeiten damit, Freiheit für ihren Hund zu verstehen.

- Warum ist das so?
- Wie kann man sich selbst sicher sein, dass man die Freiheit seines Hundes richtig verstanden hat?

Heutzutage ist es normal, dass Menschen Schwierigkeiten mit der Freiheit ihres Hundes haben. Ich verstehe das, denn im Laufe der Jahre habe ich erkannt, warum das so ist. Es liegt an uns, an unserem Inneren und an unseren Instinkten, dass wir uns eine Beziehung zum Hund wünschen. Für manche Menschen ist es ein unbewusster Weg, der Natur wieder etwas näher zu kommen. Bis dahin klingt alles sehr gut. Aber die Schwierigkeiten entstehen, wenn der Mensch seine eigenen Vorstellungen von Freiheit bevorzugt, manches Mal bedingt durch eigene Erfahrung oder Wünsche.

Das hat aber meist nichts damit zu tun, was der Hund von seinem Menschen braucht. Bemerkt der Mensch dieses Ungleichgewicht nicht, respektiert er unbewusst nicht die Bedürfnisse seines Hundes. Das Resultat: ein Hund, der sich unsicher fühlt. Viele Menschen haben zum Beispiel einen stressigen Job. Dort sind sie mit Problemen anderer Menschen und Hektik konfrontiert. Vielleicht fühlen sie sich auch an ihrem Arbeitsplatz eingeengt? Dann ist es verständlicherweise häufig so, dass sich diese Menschen, wenn sie von der Arbeit nach Hause kommen, nichts sehnlicher wünschen als Ruhe und in der Natur zu sein. Schon auf dem Weg nach Hause freuen sie sich darauf, gleich mit dem Hund aufzubrechen und die Ruhe im nahe gelegenen Wald zu genießen. Dort können sie ihren Hund frei laufen lassen und die Eindrücke des Waldes in sich aufnehmen, ohne sich Gedanken über andere Menschen oder Alltagsprobleme machen zu müssen. Dadurch geben sie ihrem Hund aber auch einen großen Radius an Bewegungsfreiheit.

Diese Menschen erkennen viel zu spät, dass sie ein Problem mit ihrem Hund haben. Sie erkennen das Problem erst, wenn etwas dazwischenkommt, das das Idyll zerstört. Vielleicht kommt ein Hund unangeleint und stürmisch auf den Menschen zugerannt, oder der eigene Hund reagiert schlecht auf die Begegnung mit einem fremden Hund oder fremden Menschen. Schlimmstenfalls verliert der Hundebesitzer den Sichtkontakt zu seinem Hund und dieser kommt nicht zurück, wenn er gerufen wird. Wieder zu Hause angekommen, wundert sich der Mensch, dass sein Hund nicht den Eindruck macht, ausgepowert zu sein. Im Gegenteil, er benimmt sich sehr aufgeregt. Dann bemerkt der Mensch viel zu spät seinen Fehler, denn er hat erst jetzt erkannt, dass er seinem Hund von Anfang an die falsche Information vermittelt hat. Er hat nicht von Beginn der Mensch-Hund-Beziehung darauf geachtet, dass der Hund sich an ihm orientieren soll.

Jeder Hund braucht einen Menschen, der ihm von Anfang an die Grenzen aufzeigt, an denen er sich orientieren kann, um sich bei seinem Menschen sicher zu fühlen. Der Mensch denkt in diesem Moment vielleicht: Oh wie schön, hier genießen wir zusammen die Natur. Hier fahren keine Autos und es gibt keine Gefahr. Hier kann mein Hund machen, was er will. Ich kann gut nachvollziehen, wenn ein Mensch so denkt und so mit seinem Hund leben möchte. Darauf muss man aber logischerweise seinen Hund von Anfang an vorbereiten, nur so versteht er seinen Menschen und kann tun, was dieser von ihm erwartet. Vielleicht hört sich das alles an wie eine Floskel, aber wo ist denn in meinem Beispiel die wirkliche Freiheit? Ist es nicht so, dass sich viele Menschen Freiheit genau so wie von mir beschrieben vorstellen, und immer wieder davon sprechen, wie wichtig es für sie ist, dass ihr Hund möglichst viel frei ist? Leider erkennen diese Menschen nicht, dass ihr Hund in Wirklichkeit nie frei ist, denn auch hier hat der Mensch entschieden, was der Hund macht und wo es endet. Das Resultat: Hat der Mensch eine falsche Vorstellung von dem, was Freiheit für den Hund bedeutet, dann läuft alles aus dem Ruder und die Balance in der Mensch-Hund-Beziehung kippt.

Jeder Hundebesitzer wünscht sich ein entspanntes, harmonisches Zusammenleben mit seinem Hund. Dieser sollte Menschen und Tieren entspannt und freundlich begegnen und unser täglicher Begleiter sein. Frage ich meine Freunde oder Bekannten, was für sie Freiheit bedeutet, lautet die Antwort häufig: Draußen in der Natur sein. Der Hund springt frei nebenher und tobt sich voller Lebensfreude aus. Dabei redet kaum jemand von der Hundeleine. Wenn ich dann weiter nachfrage, stellt sich heraus, dass sich kaum jemand vorstellen kann, ein Hund könnte sich frei fühlen, wenn er an der Leine ist. Leider bedeutet die Leine für viele Menschen genau das Gegenteil von Freiheit.

Hunde binden sich instinktiv an uns, folgen uns aus freien Stücken, wollen uns begleiten und mit uns leben. Sie wollen, dass wir etwas mit ihnen unternehmen, und an unserer Seite sein.

Man sollte die Leine als nützliches Werkzeug sehen, das uns hilft, die Verbindung zu unserem Hund zu stärken. Ein Hund fühlt sich frei, wenn er frei im Kopf ist; er erkennt, dass der Mensch die Verantwortung trägt. Dann braucht er nicht pausenlos die Lage zu checken. Freiheit bedeutet für ihn in erster Linie, „frei sein im Kopf". Dann ist er glücklich mit der Aufgabe, nichts weiter zu tun, als Sie zu begleiten.

Es ist ein Irrtum anzunehmen, Hunde würden ihrem Menschen nur deshalb folgen, weil sie so trainiert wurden oder ängstlich sind. Es liegt in ihrer Natur, dass sie ihrem Menschen hinterherlaufen. Sie müssen das nicht lernen, sondern folgen einfach ihren Instinkten. Ob der Hund dabei eine Leine trägt oder nicht, spielt für ihn keine große Rolle. Das macht die ganze Sache im Prinzip sehr leicht. Denn im Grunde müssen Sie nichts tun, als diesen natürlichen Folgeinstinkt zu füttern.

Hunde brauchen Ruhephasen. Denn Momente der Ruhe sind für die Mensch-Hund-Bindung genauso wichtig wie gemeinsam verbrachte Zeit. Hunde sind aktive Tiere. Deshalb fällt es ihnen oft sehr schwer, sich von selbst eine Auszeit zu nehmen und sich zurückzuziehen. Für Ihren Hund ist es wichtig, dass Sie Ihr Leben mit ihm teilen, aber er braucht wie Sie auch einen Platz, an den er sich zurückziehen kann. Für uns Menschen ist es ein schönes Gefühl, einen Hund zu haben. Deshalb wundert es nicht, dass der Mensch seinem Hund oftmals auch zu Hause viel Freiheit gibt. So passiert es leicht, dass er vergisst, wie wichtig es auch dort ist, dem Hund Grenzen zu setzen und einen festen Platz zum Ausruhen zu geben. Nur so bekommt der Hund eine feste Struktur, mit der er sich sicher fühlt.

Wenn der Mensch die Freiheit zu Hause falsch versteht, hat der Hund vielleicht viele verschiedene Plätze im Haus. Das wird dann zum Problem, wenn der Mensch Grenzen setzen möchte, sein Hund jedoch nicht weiß, auf welchen Platz er gehen soll. Damit meine ich zum Beispiel, dass er nicht in die Küche kommen soll, nicht unter den Esstisch krabbelt oder vielleicht in dem Moment auch nicht auf das Sofa springt. Er soll nicht aufgeregt bellen, wenn es an der Tür klingelt, und den Besuch soll er selbstverständlich auch nicht anspringen. Vielleicht soll er einfach nur in Ruhe zu Hause bleiben, wenn der Mensch das Haus verlässt und zur Arbeit geht. Manchmal erkennt der Mensch erst dann seine Schwierigkeiten, wenn er seinem Hund verständlich seine Grenzen zeigen will. Der Mensch hat es natürlich nur gut gemeint. Er wollte seinem Hund möglichst viel Freiheit geben. Mit dem Ergebnis, dass sich sein Hund unsicher fühlt und sich zu Hause in vielen Situationen nicht entspannen und ausruhen kann. Denn im Grunde genommen hat der Hund die Bedeutung von Freiheit nicht verstanden, sondern nur die Information bekommen, dass er sich zu Hause nicht sicher fühlen kann, weil sein Mensch hier nicht die Verantwortung trägt.

Bestimmt können Sie anhand dieser Beispiele nachvollziehen, wie schwer es ist, einem Hund, der von Anfang an falsche Informationen von seinem Menschen bekommen hat, die sich nun durch Probleme äußern, zu helfen. Es ist keine leichte Aufgabe, ihm die Sicherheit zurückzugeben, die er an der Seite seines Menschen unbedingt braucht. Und es ist ganz besonders schwer, wenn der Mensch nicht versteht, dass sein Hund diese ihm gegebene Freiheit überhaupt nicht braucht. Für den Hund gibt es nichts Wichtigeres in seinem Leben als einen Menschen, dem er vertraut und der ihm viel Sicherheit und Liebe schenkt.

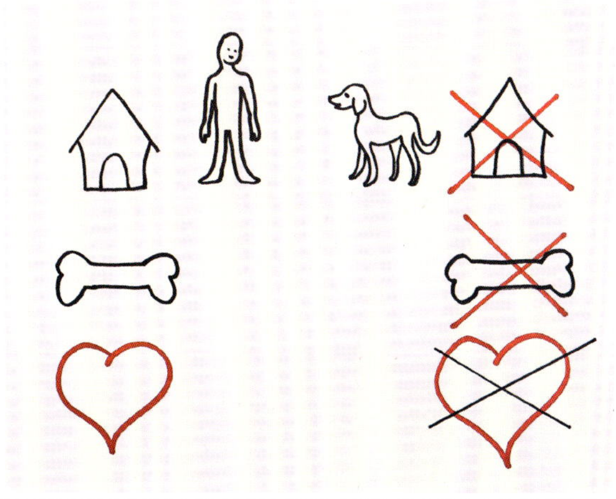

Der Hund erwartet von seinem Menschen, dass er die Verantwortung für sein Zuhause, seine Lebensgrundlagen, wie Gesundheit und Ernährung, und die Familie trägt.

Ein Hund fühlt sich wirklich frei, wenn er sich auf seinen Menschen verlassen kann.

ZU HAUSE DURCH STRUKTUR RUHE UND SICHERHEIT SCHENKEN

Hat man die Natur seines Hundes erkannt und verstanden, sollte man als Nächstes für Ruhe und Sicherheit im eigenen Zuhause sorgen. Dabei hilft dem Hund eine klare Struktur im Haus. Damit das gelingt und unser Hund uns versteht, dürfen wir kein Problem mit dem Begriff „Freiheit" haben. Für jeden Hund ist besonders wichtig, dass wir von Anfang an eine klare Struktur zu Hause herstellen. Falls Sie bemerken, dass Ihr Hund diese nicht hat, ist es umso wichtiger, sie aufzubauen. So schaffen wir auch zu Hause die Basis für unseren Hund, uns zu vertrauen.

ICH BIN NUR EIN HUND!

ER ist nur ein Hund! Diesen Satz liebe ich, weil die Bedeutung, die dahintersteckt, für mich sehr wertvoll ist. Oft hört man: Damals war alles viel besser! Für unseren Hund stimmt das aber nicht. Ich habe das Gefühl, dass wir Menschen von dem Eindruck geprägt sind, dass ein Hund früher in der Gesellschaft nicht so geschätzt wurde wie heute. Ich bin stolz darauf, dass wir die Hunde heutzutage so schätzen und sich vieles für sie zum Positiven entwickelt hat. Jetzt dürfte man doch annehmen, dass es allen Hunden heute besser geht als früher. Doch der Eindruck täuscht, oftmals ist das leider nicht der Fall. Denn heutzutage wird manchmal mit dem übertrieben, von dem der Mensch überzeugt ist, dass es sein Hund braucht. Damit meine ich zum Beispiel: viel Freiheit zu Hause, viele verschiedene Plätze, wenig Regeln und Grenzen, weil man glaubt, seinem Hund so mehr seine Liebe zu zeigen. Dabei übersieht man leicht, was der Hund wirklich braucht, um glücklich und ausgeglichen zu sein. Er braucht einen Menschen, auf den er sich verlassen kann. Das bedeutet, erst wenn wir unseren Hund als Hund erkannt haben, müssen wir durch Struktur dafür sorgen, dass er Ruhe und Sicherheit zu Hause erfährt.

Könnte unser Hund sprechen, würde er zu uns sagen: Ich bin nur ein Hund und ich brauche viel weniger, als ihr denkt, um mich zu Hause sicher und ruhig zu fühlen. Für einen Hund ist sein Zuhause ein sehr wichtiger Ort. Hier lebt er mit uns, seiner Familie. Er möchte sich als ein Teil unserer Familie fühlen. Manches Mal wird er aber nur überfordert, wenn seine Familie nicht in der Lage ist, ihm eine richtige Struktur zu geben. Ist das der Fall, wird sich der Hund nicht sicher fühlen und auch nicht die nötige Ruhe finden. Das äußert sich dann durch sein Verhalten, und wenn wir das nicht erkennen, werden wir Probleme haben. Diese Probleme äußern sich dadurch, dass der Hund sich unsicher fühlt und mit Unruhe auf diese Unsicherheit reagiert. Manche Menschen erkennen das leider zu spät, da sie diese Unruhe für Freude oder etwas anderes halten. Wenn ein Hund nicht die nötige Ruhe bekommt, geht es ihm nicht gut. Denn ein erwachsener Hund braucht zwischen 16 und 20 Stunden Schlaf am Tag. Welpen und ältere Hunde gerne mehr. Die Regel ist aber, dass die meisten Menschen nicht für genügend Ruhe sorgen. Das Ergebnis ist dann ein Hund, der zu Hause überfordert ist.

Mir ist bewusst, dass die meisten Menschen ihrem Hund ein sicheres und ruhiges Zuhause schenken möchten. Aber wie soll das gelingen, wenn der Hund zu Hause auf so viele Sachen achten muss? Sicher nicht alle, aber manche Hunde folgen jedem oder einem bestimmten Familienmitglied durch das Haus oder passen auf alle auf. Sie reagieren auf jedes Geräusch und können sich lange nicht beruhigen, selbst dann nicht, wenn unser Besuch nach dem Klingeln schon längst an unserem Tisch sitzt. Setzen wir zu Hause für den Hund verständliche Grenzen und sorgen wir dafür, dass er diese in allen Räumen und verschiedenen Situationen versteht, dann fühlt er sich sicher und erkennt, dass wir zu Hause die Verantwortung tragen.
Die Situation kann sich noch verschlimmern, wenn wir stolze Besitzer eines Gartens sind, in dem wir unserem Hund ebenfalls keine Struktur vermittelt haben. Dann ist es für den Hund schwierig, mit all den äußeren Einflüssen zurecht zu kommen. Hier darf es uns nicht wundern, wenn er unaufhörlich bellt, weil die Nachbarskinder im Garten mit dem Ball spielen, Autos vorbeifahren oder vielleicht ein Spaziergänger an unserem Grundstück vorbeiläuft oder sogar ein fremder Hund. Schlimmstenfalls kommt der Hund nicht einmal mehr, wenn wir ihn rufen. Doch spätestens, wenn der Hund auch Gegenstände oder die Einrichtung zerstört, ist das ein Zeichen dafür, dass er mit der Situation überfordert ist.

Auch für die Struktur bei uns zu Hause müssen wir die Natur des Hundes erkennen. Von Natur aus braucht unser Hund einen Platz in der Nähe seines Menschen, an dem er sich wohlfühlt und spürt, dass er sich in Sicherheit befindet und entspannen kann. Das bedeutet nicht, dass unser Haus ein gesicherter und stiller Ort sein muss. Jeder Mensch lebt anders. Was ich hier erklären möchte, ist, dass der Hund erkennen muss, dass der Mensch für diesen Platz verantwortlich ist. So geben wir unserem Hund ein Zuhause. Ganz gleich, wie dieses aussieht und wie viele Menschen darin wohnen, ob in einer Einzimmerwohnung oder in einer großen Villa, für unseren Hund ist das egal. Wichtig ist, wie unser Hund diese Räumlichkeiten wahrnimmt. Eigentlich tut ein Hund das ähnlich wie wir Menschen. Wir betreten einen Raum und haben ein Gefühl. Unbewusst checken wir das Licht, die Wände und die Decke genauso wie den Eingang oder Ausgang. Wir prägen uns alles so gut ein, dass wir sogar nachts ohne Licht, nur mithilfe der Hände, Orientierung finden. Wenn unser Hund das macht, nutzt er dazu alle seine Sinne: Nase, Augen und Ohren. Auch er ist in der Lage, sich Räume bewusst einzuprägen.

Nicht nur unsere Hunde oder unsere Kinder, auch wir Erwachsene brauchen manchmal eine Art von Höhle, um uns sicher zu fühlen. Dazu verkleinern wir sogar unsere Räumlichkeiten in der Hoffnung, es uns so gemütlicher zu machen. Kinder zum Beispiel bauen sich gern eine Art von Zelt und manche Erwachsene

richten sich im Wohnzimmer eine gemütliche Leseecke ein. Wenn man sich an seine eigenen Instinkte und Bedürfnisse erinnert und diese versteht, kann man fühlen, wie es einem Hund in unserem Zuhause geht. Natürlich kann unser Hund an unserem Verhalten auch erkennen, dass diese Räume für uns Menschen ganz verschiedene Bedeutungen haben.

Dabei sind für den Hund selbstverständlich die Durchgänge am wichtigsten und er braucht einen Menschen, der ihm zeigt, was in diesem Raum geschieht. Zur Erklärung: Wir nutzen die Küche anders als das Wohnzimmer, das Schlafzimmer oder den Garten, den der Hund auch als einen Raum erkennen muss. Vermitteln wir unserem Hund jedoch nicht, was wir in den jeweiligen Räumen tun, verhält er sich vielleicht anders, als wir es uns wünschen.

Eigentlich ist es ganz einfach. Stellen Sie sich vor, Sie leben mit Ihrem Hund nur in einem Raum. Dort geben Sie für ein gutes Zusammenleben eine Struktur vor und setzen Grenzen. Egal wie viele Räumlichkeiten wir nun haben, für jede müssen wir es genauso machen. Tun wir das jedoch nicht, weil wir das Gefühl haben, unserem Hund damit weniger Freiheit zu geben, fühlt sich dieser nicht sicher und bekommt nicht die Ruhe, die er braucht, um sich wohlzufühlen. Dann sind Probleme vorprogrammiert.

Hatte man schon einmal das Glück, beobachten zu dürfen, wie eine Hundemutter mit ihren Welpen umgeht, kann man die Bedeutung von Grenzen sehr gut verstehen. In den ersten Wochen zieht die Hundemutter eine imaginäre Grenze um ihre Welpen, die niemand übertreten darf, außer der Mensch. Je älter die Welpen sind, desto mehr erkennen sie diese Grenze, die ihnen Sicherheit und Geborgenheit gibt. Erst wenn die Mutter die Welpen zeitweise allein lässt, überschreiten diese instinktiv die Grenze. Dadurch lernen sie neue Grenzen kennen, zum Beispiel die Grenze der Annäherung an unsere Hauskatze, die zu anderen Hunden und selbstverständlich Grenzen, die wir Menschen vorgeben. Diese Grenzen sind wichtig für die Entwicklung des Hundes sowie für sein späteres Leben. Grenzen geben Sicherheit, genauso für unsere Kinder als auch für unsere Hunde. Der Hund erwartet von seinem Menschen, dass dieser für Sicherheit und Ruhe zu Hause sorgt, indem er weitere Grenzen setzt.

Ich bin mir sicher, vielen Menschen ist nicht bewusst, dass sie zu Hause Probleme mit ihrem Hund haben. Das ist so, weil unsere Hunde wahre Meister darin sind, sich uns Menschen anzupassen. Es ist zu einer Normalität geworden, wenn zum Beispiel der Hund unseren Gast anspringt und noch immer aufgeregt ist, wenn der Gast schon lange auf dem Sofa sitzt. Oder wenn unser Hund nicht allein zu Hause bleiben kann und andauernd bellt. Doch auch in diesen Situationen bemerken manche Menschen nicht, dass sie ein Problem haben. Sie sehen auch kein Problem darin, wenn ihnen ihr Hund ständig den Ball oder ein anderes Spielzeug vor die Füße legt. Hier denken doch die meisten Menschen, dass er das macht, weil er mit uns spielen will. Doch alle Hunde, die solch ein vom Menschen als normal akzeptiertes Verhaltensmuster zeigen, leben unter einem „relativen" Stress. Sie haben sich leider daran gewöhnt, so zu leben. Nur wenn der Mensch dazu in der Lage ist, zu erkennen, dass sein Hund ein Problem hat und sich nicht ruhig und sicher fühlt, kann er das ändern und eine gute Balance für seine Mensch-Hund-Beziehung finden. Denn das ist genau das, was ein Hund braucht. Er braucht Sie, seinen Menschen, denn er ist nur ein Hund!

SICHERHEIT GEBEN

Wäre den Menschen bewusst, woher die Probleme im Verhalten ihres Hundes bei sich zu Hause kommen, würden sie ihren Hund besser verstehen. Dann würden sie verstehen, wie sich ihr Hund fühlt, und es wäre einfacher für sie, ihrem Hund zu helfen. Die meisten Probleme im Verhalten kommen durch Unsicherheiten des Hundes. Eigentlich ist es nicht anders als in einer Beziehung, man sollte den anderen erkennen und verstehen. Das ist Empathie!
Selbstverständlich kann jeder Hund auf seine Unsicherheiten anders reagieren. Hat der Mensch am Anfang seiner Mensch-Hund-Beziehung versäumt, den Hund mit etwas Bestimmtem vertraut zu machen, kann es durchaus sein, dass dieser später darauf mit Unsicherheit reagiert. Das zeigt der Hund uns dann mit einem Verhalten, das wir Menschen als Problem bezeichnen.

Beispiele dafür könnten folgende Verhaltensweisen sein:
— Der Hund regt sich auf.
— Er folgt uns durch alle Räume.
— Er hört nicht auf zu bellen und akzeptiert nicht, was wir ihm sagen.

Diese Beispiele und viele weitere sind ein Zeichen dafür, dass der Hund zu Hause nicht die Ruhe und Sicherheit bekommt, die er braucht. Manche Menschen machen unbewusst den Fehler .... vielleicht, weil ihr Hund eine Vergangenheit hat oder weil er vielleicht aus dem Tierschutz kommt, dieses Verhalten mit den Ereignissen in seiner Vergangenheit zu erklären. Es ist ihnen nicht bewusst, ihrem Hund von Anfang an nicht die nötige Sicherheit gegeben zu haben. Man erklärt sich und entschuldigt alles mit der Vergangenheit des Hundes, ohne zu erkennen, dass ihm von Anfang an die nötige Sicherheit in seinem neuen Zuhause gefehlt hat.

Andere Menschen suchen die Erklärung für die Probleme im Verhalten ihres Hundes in der Rasse. Hier höre ich oft: „Der macht das so, weil er doch ein Dackel ist", oder: „... weil er ein Jagdhund ist", und so weiter und so weiter. Natürlich kann es passieren, dass ein Hund, der sich unsicher fühlt, manchmal in die Eigenschaften seiner Rasse zurückfällt. Das ist jedoch keine Erklärung für ein problematisches Verhalten zu Hause. Im Gegenteil, hier fühlt sich der Hund unsicher und vom Menschen alleingelassen und greift auf das zurück, was er ursprünglich hatte.

Aus diesem Grund ist es wichtig, dass jeder Hundebesitzer versteht, dass er von Anfang an für die nötige Ruhe und Sicherheit seines Hundes sorgen muss. Es ist wichtig zu hinterfragen: Was habe ich falsch gemacht? Was habe ich vergessen, um meinem Hund die nötige Sicherheit zu geben? Das kann man aber nur, wenn man selbst davon überzeugt ist, dass eine richtige Struktur hilft, dem Hund Ruhe und Sicherheit zu geben. Ohne diese Überzeugung ist es fast unmöglich, seinem Hund die nötigen Grenzen zu setzen.

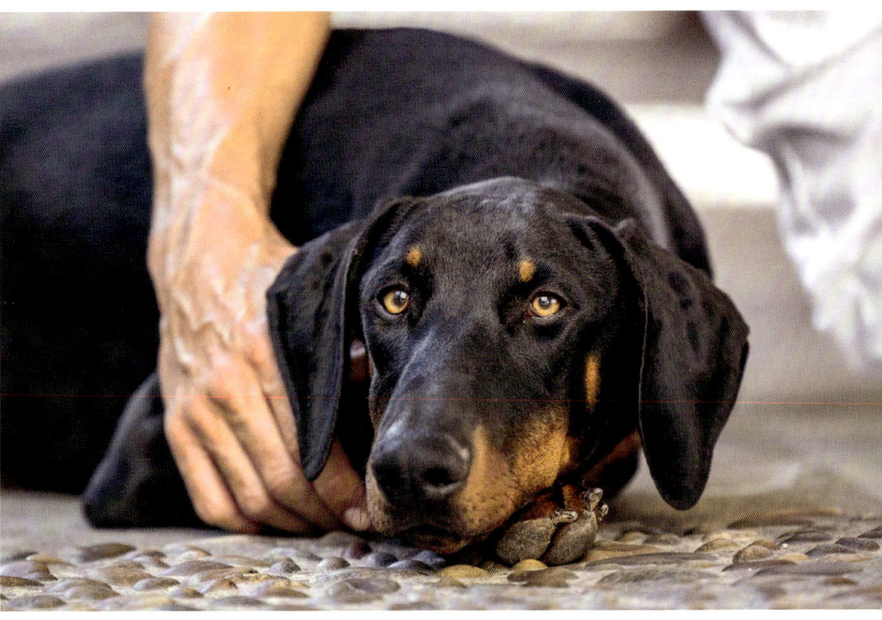

Ich erlebe häufig, dass viele Menschen nicht wissen, womit sie anfangen sollen, um ihrem Hund zu Hause die nötige Sicherheit zu geben. Dabei ist es wirklich sehr einfach. Der Hund braucht seinen eigenen Platz! Damit meine ich aber nicht nur ein Hundebett, auf dem er schlafen kann. Ich meine damit einen Platz, den er für sich als einen sicheren Ort erkennt. Diese Basis braucht der Hund, um in der Lage zu sein, Struktur und Grenzen zu erkennen, um zu Hause zur Ruhe zu kommen. Vergessen Sie bitte nie: Hunde sind aktiv und sehr lebhaft, ähnlich wie Kinder. Daher fällt es ihnen schwer, sich selbst zurückzuziehen und Ruhe zu finden. Das lebhafte Verhalten wird von vielen Menschen auch noch unterstützt, weil sie das Bedürfnis nach Ruhe ihres Hundes unterschätzen.

Viele Menschen glauben auch, dass sie ihren Hund noch viel mehr beschäftigen müssten, als sie es ohnehin schon tun. Dabei ist Ruhe für die Ausgeglichenheit eines Hundes unabdingbar. Momente der Ruhe sind für die Mensch-Hund-Bindung genauso wichtig wie Spazierengehen oder andere gemeinsame Aktivitäten. Nur wenn Sie Ihrem Hund ausreichend Gelegenheit geben, zur Ruhe zu kommen, fühlt er sich gut behandelt und kann sich entspannen.

Bekommt ein Hund diese Gelegenheit nicht, kommt er schnell in einen Zustand der Erregtheit und ist überdreht, nervös und gestresst. Im Gegenzug nimmt das Gefühl der Sicherheit und des Aufgehobenseins immer mehr ab. Alles, was Sie beim Spazierengehen, Spielen, Füttern aufgebaut haben, nämlich, dass Ihr Hund sich bei Ihnen entspannen kann und Sie ein tolles Mensch-Hund-Team sind, ist so schnell in Gefahr.

Je aufgekratzter ein Hund ist, desto schwerer lässt er sich kontrollieren. Außerdem besteht die Gefahr, dass man sich von seiner inneren Unruhe anstecken lässt und deshalb in der Kommunikation selbst immer weniger klar und deutlich ist. Eine Spirale entsteht. Für Ihren Hund ist es wichtig, dass Sie Ihr Leben mit ihm teilen, aber er braucht wie Sie einen Platz, an den er sich zurückziehen kann. Sein Platz ist für Ihren Hund das Zeichen für Ruhe und somit ein extrem wichtiges Hilfsmittel, um sich dort entspannen zu können. Die Ruhe, von der ich spreche, ist ein innerer Zustand, etwas, das tief aus dem Tier selbst kommt. Diese Ruhe brauchen Hunde, die mit Menschen zusammenleben, genauso wie die Beschäftigung und die Ausflüge mit ihrem Menschen. Empfindungen wie Stress oder Anspannung sind genau das Gegenteil von einem Gefühl der Sicherheit, die der Hund braucht, um sich wohlzufühlen. Es geht ihm also einfach nicht gut, wenn er nicht zur Ruhe kommen kann. Und ausruhen kann sich ein Hund nur, wenn man ihm auch die Gelegenheit dazu gibt. Das bedeutet: Nur wenn Ihr Hund weiß, dass Sie die Verantwortung für alles um ihn herum übernehmen, kann er überhaupt zur Ruhe kommen.

Angst und Unsicherheit sind das absolute Gegenteil von Entspannung und Ruhe. Nur Hunde, die sich in Sicherheit wissen, weil ein anderer die Verantwortung für sie trägt, können sich entspannen. Denn ihr Mensch sorgt für Ruhe, nicht sie selbst. Für diese Hunde ist es ganz nebenbei auch kein Problem, allein zu Hause zu bleiben. Sie nutzen die Zeit, um sich auszuruhen. Glauben Sie mir, Hunde leben im Hier und Jetzt. Das macht eigentlich alles ganz einfach, denn dadurch können wir sie gut lenken – und der Beziehung eine neue Richtung geben. Es ist recht einfach, der Hund muss nur lernen und verstehen, seinen Platz zu genießen, auch dann, wenn Sie etwas anderes machen oder nicht zu Hause sind. Ihr Hund soll verstehen, dass er sich in Ihrer Abwesenheit möglichst nur auf seinem Platz aufhalten soll. Denn dort kann er abschalten, ohne Angst haben zu müssen.

So normal es Ihnen auch erscheint, dass Ihr Hund immer mit Ihnen zusammen sein möchte, es geht nicht. Zum einen wird es immer Situationen geben, in denen Sie Ihren Hund nicht dabeihaben können. Zum anderen braucht er die Möglichkeit, sich auszuruhen. Und das ist nicht gegeben, wenn er Ihnen immer hinterherläuft. Daher ist es von Anfang an besonders wichtig, dass alle Familienmitglieder seinen Wunsch nach Ruhe respektieren und ihn nicht stören. Einen weiteren Vorteil hat es, wenn Ihr Hund weiß, was sein Platz bedeutet. Dann können Sie ihn in jeder Situation dorthin schicken, auch wenn Sie selbst einmal Ihre Ruhe genießen wollen. Und sollte er es nicht sofort verstehen, bringen Sie ihn sanft immer wieder dorthin zurück. So versteht er recht schnell, was Sie von ihm wollen. Sie selbst profitieren davon übrigens auch. Denn sein positives Verhalten verstärkt gleichzeitig auch Ihre Sicherheit, sodass es Ihnen immer leichter fällt, die Ruhe und Sicherheit zu geben, die Ihr Hund von Ihnen braucht. Kurzum: Sicherheit und Ruhe sind das Geheimnis für das gute, harmonische Zusammenleben zwischen Mensch und Hund.

DURCH GRENZEN SICHERHEIT UND RUHE SCHENKEN

Damit ein Hund sich sicher und ausgeglichen fühlen kann, braucht er meiner Überzeugung nach einen Menschen, der die Verantwortung trägt. Der Hund ist bereits domestiziert, daher weiß er von Natur aus, dass der Mensch diese Verantwortung übernimmt. Dieser muss sich also nur dementsprechend verhalten. Zu Hause erkennt der Hund sofort, dass wir die Verantwortung tragen, wenn wir selbst davon überzeugt sind. Nur dann können wir dem Hund die richtige Struktur geben. Diese Struktur braucht ein Hund, um sich bei uns zu Hause sicher und geborgen zu fühlen. Ich habe Ihnen bereits erklärt, wie wichtig es ist, dass ein Hund seinen eigenen Platz als einen sicheren Ort bei uns zu Hause erkennt und diesen akzeptiert. Diese Erklärung ist die Grundlage dafür, dass der Hund auch Grenzen erkennt, die ihm Sicherheit geben, um ausgeglichen auf Alltagssituationen zu reagieren. Mit diesen Alltagssituationen meine ich Alleinebleiben, Besuchempfangen oder einfach das tägliche Zusammenleben. Dann ist es egal, wie verschieden der Alltag in unserem Zusammenleben zu Hause ist – ob turbulent oder eher ruhig. Der Hund hat einen Ort, an dem er sich sicher und geborgen fühlt.

Dabei ist es selbstverständlich besonders wichtig, dass Sie sich dafür entscheiden, so mit Ihrem Hund zu leben und davon auch überzeugt sind. Sie müssen wissen, was das Beste für Ihren Hund ist. Manche Menschen übertreiben jedoch die Sorge um ihren Hund und versuchen, ihn vor Stress zu schützen, indem sie ihn unbewusst aus ihrem Alltag ausschließen. Oder sie empfangen kaum noch Besuch zu Hause und möchten den Hund auch nicht allein lassen, um ihm damit Stress zu ersparen. Das finde ich grundsätzlich in Ordnung, wenn es darum geht, dem Hund ausreichend Ruhe zu geben. Es kann aber nicht sein, dass wir uns selbst belügen und eingrenzen, indem wir unser Verhalten als Ausrede benutzen, obwohl wir wissen, dass wir es versäumt haben, unserem Hund in diesen Situationen die nötigen Grenzen zu vermitteln, um ihm so Sicherheit zu geben.

Bitte fragen Sie sich jetzt einmal selbst, welche Struktur und Grenzen Ihr Hund zu Hause braucht. Dazu stellen Sie sich bitte vor, wie sich ein „normaler" Hund zu Hause verhalten sollte. Bitte vergessen Sie alles, was Sie bisher dazu im Fernsehen oder Internet gesehen oder von Freunden gehört haben. Hinterfragen Sie das nun bitte mit der Kenntnis von alldem, was Sie bisher in diesem Buch gelesen haben, die Koevolution von Mensch und Hund und wie wichtig es daher ist, dass der Mensch die Verantwortung für seinen Hund trägt.

Vielleicht erinnern Sie sich auch an einen besonderen Menschen in Ihrer Kindheit, bei dem Sie sich als kleines Kind wohl und sicher gefühlt haben. Wenn Sie jetzt verstehen, von welchem Gefühl ich hier schreibe, verstehen Sie, wie wichtig es für Ihren Hund ist, einen verantwortlichen Menschen an seiner Seite zu haben, der ihm diese Sicherheit gibt. Wenn Sie das an dieser Stelle selbst noch nicht erkennen, lassen Sie sich bitte Zeit! Dafür habe ich dieses Buch für Sie geschrieben. Die wichtigsten Grenzen, die Ihr Hund kennen sollte, um zu Hause ein ausgeglichener und sicherer Hund zu sein, sind …

— sein Platz, wenn man ihn dorthin schickt.
— Türen und Durchgänge.
— imaginäre Grenzen.
— der Eingang/Ausgang an der Haustür, mit dem dazugehörigen Bereich.
— der Eingang/Ausgang zum Garten.
— zusätzliche imaginäre Grenzen im Außenbereich.

Vielleicht wirkt das auf Sie im ersten Augenblick viel, aber das sind die Grenzen, die ein Hund mindestens zu Hause kennen sollte. Je größer die Räumlichkeiten sind, je mehr muss man diese Grenzen steigern. Das gilt auch für den Garten. Viele dieser Grenzen sind unserem Hund schon bewusst. Wir Menschen müssen ihm aber zeigen, was wir dort von ihm erwarten. Sie können sie ganz einfach in Ihren Alltag integrieren und Ihrem Hund so vertraut machen. Hat Ihr Hund jedoch schon seit Jahren diese Grenzen falsch verstanden, müssen Sie nun bitte bedenken, dass er seine Zeit braucht, um sie neu zu verstehen. Alles braucht seine Zeit, geben Sie bitte nicht auf, denn es ist immer ein Weg gemeinsam mit dem Hund.

Wenn Sie in der Lage sind, Ihren Hund auf seinen Platz zu schicken und er respektiert, dass Sie weiterhin im Raum herumlaufen, ohne dass er seinen Platz verlässt, um Sie ständig zu beobachten, dann hat Ihr Hund seinen Platz als sicheren und ruhigen Ort verstanden. Sollte Ihr Hund damit noch Schwierigkeiten haben, bleiben Sie bitte geduldig und führen oder schicken Sie ihn so oft wie nötig immer wieder auf seinen Platz. So wird er verstehen, was Sie von ihm wünschen. Erst wenn Ihr Hund verstanden hat, wo sein Platz ist und er diesen als ruhigen und sicheren Ort erkennt, zeigen Sie ihm die nächste Grenze. Das ist dann zum Beispiel der Durchgang zu diesem Raum. Das bedeutet, wenn Sie den Raum verlassen, sollten Sie in der Lage sein, Ihren Hund auf seinen Platz zu schicken, ohne dass er Ihnen erneut in einen anderen Raum folgt. Manchmal kann das ein Geduldsspiel sein, aber diese Grenze ist besonders wichtig. Nur so kann Ihr Hund später auch andere Grenzen erkennen. Sie ist zudem sehr einfach in unseren Alltag zu integrieren, zum Beispiel, wenn man mit seinem Hund gemeinsam im Wohnzimmer fernsieht und dann vielleicht kurz in die Küche oder auf die Toilette geht. Jedes Mal, wenn der Hund diese Grenze überschreitet, schickt man ihn erneut zurück auf seinen Platz. Das gibt dem Hund die nötige Sicherheit und er kann verstehen, was wir von ihm wollen, nämlich: „Jetzt ist der Moment, dass du dich ausruhst und diese Ruhe sollst du beibehalten, auch wenn ich kurz den Raum verlasse.“

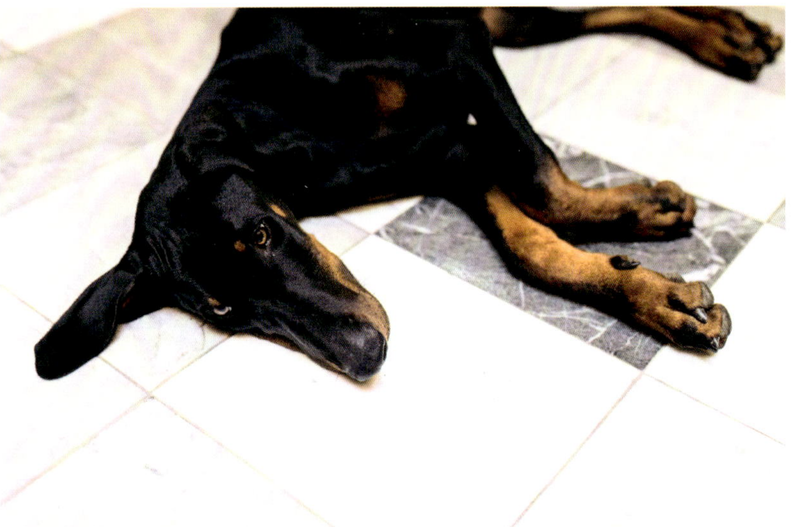

Auf die gleiche Weise setzen Sie auch Grenzen, wenn Sie ein großes Haus haben und Ihr Hund dort viele Plätze hat, wie zum Beispiel im Büro oder im Wintergarten, weil Sie sich dort gern mit ihm aufhalten möchten. Aber auch diese Grenzen kann Ihr Hund nur verstehen, wenn er die von Ihnen zuerst gesetzte Grenze, wie von mir anfangs beschrieben, verstanden hat. Erst dann können Sie anfangen, ihm auch in jedem weiteren Raum imaginäre Grenzen zu setzen. Diese können für jeden Menschen unterschiedlich sein. Sobald diese Grenzen einen Sinn für den Menschen haben, haben sie auch Sinn für den Hund.

Imaginäre Grenzen könnten zum Beispiel folgende sein: Abstand vor dem Spiegel oder dem Fernseher, vor dem weißen Sessel, Abstand vom Spielzeug der Kinder oder Abstand zu der antiken Bodenvase.

Selbstverständlich ist es besonders wichtig dort Grenzen zu setzen, die manches Mal nicht ungefährlich für unseren Hund sind, zum Beispiel bei unserem Essen und Trinken sowie bei wertvollen Accessoires wie Taschen oder Handys. Ich muss schon bei dem Gedanken schmunzeln, wie ich Ihnen erklären soll, wie man dafür Grenzen setzt. Aber aus Erfahrung weiß ich, dass viele Menschen in der Lage sind, anderen Menschen Grenzen zu setzen, nur leider ihrem eigenen Hund nicht. Wenn Sie nicht wissen, wie Sie diese Grenze setzen sollen, benutzen Sie einfach dieses Beispiel von mir. Legen Sie ein Leckerli auf Ihren Sofatisch und, ohne Ihren Hund auf seinen Platz zu schicken, lassen Sie nicht zu, dass er dieses Leckerli bekommt. Er soll nicht einmal den Tisch berühren. Das machen Sie auf eine Art, in der Sie sich wohlfühlen und die Sie im Umgang mit Ihrem Hund gewohnt sind. Sobald Ihr Hund das verstanden hat, wird er sich mit Abstand davor hinsetzen und Sie angucken. Wenn Sie das oft wiederholen, werden Sie schnell in der Lage sein, den Abstand Ihres Hundes zum Tisch zu vergrößern. Dann können Sie den Schwierigkeitsgrad erhöhen, das Leckerli direkt auf den Boden legen und sich einen Radius vorstellen, den Ihr Hund nicht unterschreiten darf, um sich dem Leckerli zu nähern. Dabei möchte ich nicht nur, dass Ihr Hund von Ihnen diese Grenzen lernt, nein, ich möchte mit dieser Übung auch, dass Sie verstehen, wie Sie in Zukunft imaginäre Grenzen für den Hund setzen können.
Es muss Sie nicht beunruhigen, wenn Sie Ihrem Hund viele Grenzen setzen, diese überfordern Ihren Hund nicht. Im Gegenteil, sie geben Ihrem Hund das Gefühl, dass Sie für ihn sorgen. Wenn Sie die Grenzen mit Ruhe und Konsequenz setzen, werden sie für Ihren Hund zu etwas Selbstverständlichem und helfen ihm dabei, selbst zu entscheiden, Ruhe zu finden, ohne sich von unwichtigen Sachen ablenken zu lassen.

Haben Sie verstanden, wie man imaginäre Grenzen in einem Raum setzt, wird es für Sie einfach sein, diese auch zu setzen, ohne die Türen zu schließen. So kann Ihr Hund verstehen, dass er den Raum nicht verlassen oder einen anderen Raum nicht betreten soll. Wenn Ihr Hund diese Grenzen verstanden hat, ist es kein Problem mehr für ihn, auch die Grenze für die Haustür und den Eingangsbereich zu verstehen. Für Sie ist es dabei wichtig zu erkennen, was für ein Verhalten Ihr Hund an der Haustür und im Eingangsbereich zeigt. Haben Sie zum Beispiel einen Hund, der bisher kein falsches Verhalten an der Haustür gelernt hat, ist es natürlich viel einfacher, ihm diese Grenzen zu zeigen. Hat Ihr Hund jedoch bereits gelernt, sich von Anfang an an der Haustür und im Eingangsbereich wie eine Rakete zu benehmen, bedeutet das für Sie, dass es schwieriger wird und viel mehr Geduld und Zeit Ihrerseits braucht.

Um diese Grenze zu setzen ist es wichtig, dass Sie sich zuerst einmal vorstellen, wie sich ein ausgeglichener Hund, der spürt, dass sein Mensch die Verantwortung trägt, verhalten soll, wenn es an der Tür klingelt. Stellen Sie sich bitte folgende Situation vor: Sie liegen in aller Ruhe mit Ihrem Hund auf dem Sofa und es klingelt an der Tür. Ein ausgeglichener Hund wird sich mehr oder weniger so verhalten: Er bellt und fängt an, sich im Raum zu bewegen. Selbstverständlich kommt es darauf an, was für ein Charakter er hat oder welcher Hunderasse er abstammt, dann läuft er vielleicht auch zur Tür. Wenn der Mensch an die Tür kommt, beruhigt sich der Hund von allein und positioniert sich schon mit Abstand hinter seinem Menschen. In diesem Moment erkennt der Hund von selbst zwei Grenzen, die Haustür und den Eingangsbereich. Er versteht, dass der Mensch dort die Verantwortung trägt. Diesen Abstand sollte der Hund einhalten und sich ruhig verhalten, bis sein Mensch die Tür geöffnet hat. Dann lässt der Mensch den Besucher eintreten, sein Hund ist dabei weder unsicher noch aufdringlich. Er benimmt sich ruhig und neugierig. Er riecht den Besucher, mit Abstand oder aus nächster Nähe, ohne ihn jedoch zu bedrängen oder anzuspringen. Wenn der Mensch dann mit dem Besucher den Raum betreten hat und sich auf das Sofa setzt, ruht sich der Hund aus.

Wenn Sie sich wünschen, dass Ihr Hund hier ausgeglichen und ruhig ist, sollte er sich so wie beschrieben verhalten. Das ist für ihn aber nur möglich, wenn er vorher die anderen Grenzen, die ich beschrieben habe, gelernt hat. Dann braucht es nur noch Übung, Zeit und Ihre Geduld. Bei dieser Übung ist wichtig, beim Klingeln an der Tür darauf zu achten, dass Ihr Hund den nötigen Abstand im Eingangsbereich zu Ihnen hat, bevor Sie die Tür öffnen. Sollte Ihr Hund diesen Abstand nicht einhalten, schicken Sie ihn ein Stück zurück und setzen eine imaginäre Grenze, bevor Sie die Tür öffnen. Damit es für den Hund verständlich ist, sollte der Abstand zu Ihnen mindestens zwei Meter betragen. Es ist möglich, dass Ihr Hund immer noch versucht, die imaginäre Grenze zu überschreiten, obwohl er versteht, was sie bedeutet. Das liegt daran, dass er in dem Moment sehr aufgeregt ist. Dann ist es nur eine Frage Ihrer Geduld, bis Ihr Hund verstanden hat, was Sie von ihm wünschen.

Ihr Hund signalisiert Ihnen ganz bestimmt, wenn er die Grenze im Eingangsbereich verstanden hat. Dann ist er nicht mehr aufgeregt und vielleicht bemerken Sie auch, dass er weniger in Ihre Richtung schaut. Jetzt ist der richtige Moment, sich umzudrehen und die Tür zu öffnen. Nun sollten Sie nicht mehr darauf achten, was Ihr Hund hinter Ihnen macht, und sich nur darauf konzentrieren, dass er nicht aus der Tür hinausläuft. Ihr Hund ist kein Computer und er braucht Zeit, um die Grenze im Eingangsbereich zu akzeptieren. Es ist an Ihnen, mit Ihrem Hund sehr geduldig und ruhig zu üben. Im nächsten Schritt sorgen Sie dafür, dass der Hund Ihren Gast mit Ruhe begrüßt. Ist das nicht der Fall und Ihr Hund bellt, bedrängt und springt Ihren Besuch an, dann bleiben Sie ruhig neben Ihrem Gast im Eingangsbereich stehen und schicken Ihren Hund zurück hinter die imaginäre Grenze, die Sie ihm vorher gesetzt haben. Sollte Ihr Hund weiter aufgeregt sein und diese Grenze nicht akzeptieren, gebe ich Ihnen eine kleine Hilfe. Stellen Sie sich bitte vor: Ihr Gast ist weiß gekleidet oder es handelt sich dabei um ein kleines Kind, das Ihren Schutz braucht.

Mit dieser Energie Ihrer Vorstellungskraft achten Sie nun darauf, dass Ihr Hund den nötigen Abstand zu Ihnen hält. Dann setzen Sie sich auf das Sofa und denken weiter daran: „Solange mein Hund aufgeregt ist, darf er sich uns körperlich nicht nähern." Es ist sehr wichtig, dass Sie beim Üben dieser Grenzen immer bedenken, Ihrem Hund keine weiteren Kommandos zu geben, solange er nicht in einer ruhigen und ausgeglichenen Position ist. Damit meine ich zum Beispiel ein Kommando wie den Hund auf seinen Platz schicken. Das erkläre ich Ihnen, damit Sie nicht unzufrieden und aufgeregt reagieren. Fühlen Sie sich bitte nicht schlecht, wenn Ihr Hund nicht gleich auf Sie hört. Das bedeutet nicht, dass er nicht lernen kann. Er muss nur noch mehr davon überzeugt werden, dass Sie hier die Verantwortung tragen. Für Ihren Hund ist es in diesem Moment schwierig, Ihr Kommando zu befolgen, denn er ist aufgeregt und nicht in einer ruhigen Position. Versuchen Sie möglichst oft, diese Übungen in Ihren Alltag einzubauen. Das stärkt nebenbei auch Ihre Beziehung zu Ihrem Hund.

Sollten Sie einen Garten haben, ist es selbstverständlich wichtig, dass Sie Ihrem Hund auch die Grenzen der Tür zum Garten und innerhalb des Gartens aufzeigen. Um dabei alles richtig zu machen, sollten Sie sich darüber Gedanken machen, wie Ihr Hund bisher Ihren Garten wahrgenommen hat. Viele Hundebesitzer, mit Sicherheit unbewusst, geben ihrem Hund im Garten das Gefühl von Freiheit und übertragen ihm damit auch gleichzeitig die Verantwortung für den Garten. Dann fällt es dem Hund schwer, den Garten als ein Teil des Hauses zu verstehen. Hinzu kommen vielleicht noch fremde Geräusche und Gerüche. Nun beginnt für den Hund so etwas wie ein Teufelskreis. Dabei wäre es viel sinnvoller, im Garten mehr Grenzen oder mindestens genauso viele Grenzen wie im Haus zu haben. Sie müssen Ihrem Hund im Garten helfen, diesen als weiteren Raum zu verstehen. Doch das geht natürlich nur, wenn Sie selbst davon überzeugt sind, dass diese Grenzen auch im Garten nötig sind.

Leider sind viele Menschen erst von dieser Notwendigkeit überzeugt, wenn die ersten Probleme auftauchen. Probleme können zum Beispiel sein, dass der Hund überall buddelt und Ihre Blumenbeete zerstört oder aufgeregt am Gartenzaun kläfft. Manche dieser hier beschriebenen Verhaltensweisen können mehr oder weniger normal sein. Schlimm wird es aber dann, wenn man den Hund in einer von mir beschriebenen Situation zurückruft, er aber nicht kommt. Das passiert, weil er spürt, dass wir nicht die Verantwortung für den Garten tragen. Und das alles wäre nicht passiert, hätten wir ihm den Garten von Anfang an auf eine für ihn verständliche Art richtig vorgestellt.

Manchmal ist es wichtig zu erkennen, über wie viele Jahre unser Hund diese falschen Informationen von uns bekommen hat. Dann darf man selbstverständlich nicht erwarten, dass sich der Hund von heute auf morgen verändert. Vielleicht braucht er genauso lange – also Jahre – um zu verstehen, was Sie stattdessen von ihm möchten. Diese Hunde brauchen unsere Unterstützung!

Helfen Sie Ihrem Hund und zeigen Sie ihm diese Grenze, indem Sie ihn möglichst nicht mehr unbeaufsichtigt in den Garten lassen. Er hat zuvor die Freiheit, die Sie ihm damit geben wollten, nicht verstanden, jetzt braucht er Ihre Hilfe.

Je gefestigter diese Grenzen zu Hause für Ihren Hund sind, desto einfacher wird es für ihn, neue Grenzen im Garten zu verstehen. Die erste Grenze, die Ihr Hund verstehen und erkennen sollte, ist die Grenze an der Tür zum Garten. Sollte das die gleiche Tür sein,wie Ihre Eingangstür, spielt das keine Rolle. Sollten Sie im Garten große Probleme haben oder den Wunsch, viel zu erreichen, empfehle ich Ihnen, folgende Übung nach dem Spaziergang zu machen. Dann ist Ihr Hund bereits in einer ruhigeren Gemütsverfassung und es fällt ihm leichter, mit Ruhe Grenzen im Garten zu verstehen. Gehen Sie an die Tür zum Garten. Sorgen Sie dafür, dass Ihr Hund den nötigen Abstand zu Ihnen hat. Das ist bereits eine imaginäre Grenze. Verhält sich Ihr Hund ruhig, öffnen Sie die Tür zum Garten. Jetzt ist es wichtig, dass der Hund versteht, dass dies nicht ein Zeichen dafür ist, nun in den Garten zu stürmen. Falls er das nicht versteht, schicken Sie ihn immer wieder zurück hinter diese Grenze. Wenn Sie den ersten Schritt gemeinsam erreicht haben und Ihr Hund ruhig ist, treten Sie aus der Tür hinaus in den Garten. Zum Beispiel in den vorderen

Bereich Ihrer dort gelegenen Terrasse. Diese Übung können Sie geduldig so lange wiederholen, bis Ihr Hund sich an der von Ihnen gesetzten Grenze von allein hinlegt und nicht immer zur Gartentür guckt. Dann warten Sie gern bis zu zehn Minuten in diesem Bereich, bevor Sie Ihrem Hund erlauben, in Ruhe zu Ihnen zu kommen. Ab dort können Sie die nötigen Grenzen genauso weiter setzen. Es ist natürlich viel einfacher, wenn Sie eine Terrasse haben. Dann wäre Ihre nächste Grenze zum Beispiel der Bereich von der Terrasse zum Garten. Falls das nicht so ist, bauen Sie sich hier wieder eine imaginäre Grenze. Im Garten können Sie so viele Grenzen setzen, wie Sie benötigen. Vergessen Sie dabei bitte nicht, je größer das Problem ist oder je mehr Sie mit Ihrem Hund erreichen wollen, beim Setzen dieser Grenzen immer ruhig und geduldig zu bleiben. Lassen Sie Ihren Hund nicht unbeaufsichtigt in den Garten.

Diese Übung empfehle ich Ihnen immer nach dem Spaziergang. Das bedeutet jedoch nicht, dass Sie im Laufe des Tages Ihren Hund nicht auch mal, ohne geduldig zu warten und alles richtig zu machen, in den Garten lassen dürfen. Mir ist bewusst, dass man nicht immer Zeit hat, um diese Übung zu wiederholen.
Sie sollten diese Übung jedoch zumindest einmal täglich bewusst wiederholen. Es ist ganz natürlich, dass Ihr Hund auch in Zukunft dieses unerwünschte Verhalten zeigen wird. Er wird zum Beispiel am Gartenzaun bellen oder wieder in Ihrem Beet buddeln. Ihr Erfolgserlebnis ist dann, dass er gelernt hat, dass Sie die Verantwortung tragen und sobald Sie ihn rufen, er sofort damit aufhört und zu Ihnen kommt. Sollte das noch nicht funktionieren, ist das nur ein Zeichen dafür, dass Sie etwas mehr Zeit zum Üben brauchen. Fühlen Sie sich aber bitte nicht schlecht, wenn Sie viel Zeit zum Üben brauchen! Diese Übungen stärken die Beziehung zu Ihrem Hund. Mit all diesen Übungen zu Hause und im Garten helfen Sie Ihrem Hund, Grenzen zu verstehen und durch diese Grenzen an Ihrer Seite Ruhe und Sicherheit zu finden.

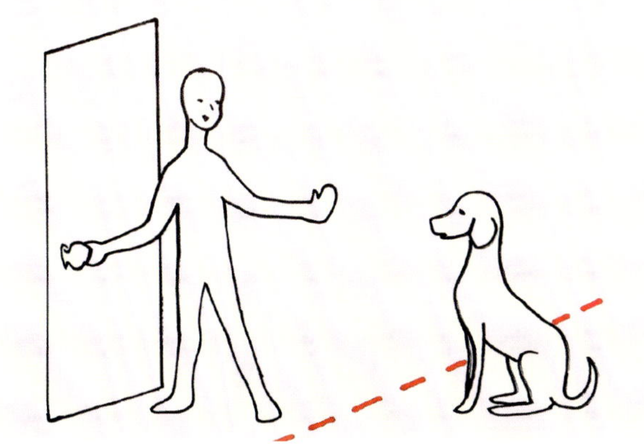

Grenzen geben dem Hund Sicherheit. Sind wir selbst davon überzeugt, versteht der Hund unsere Körpersprache instinktiv.

DIE BEZIEHUNG MIT DEM SPAZIERGANG STÄRKEN

Es gibt nichts Schöneres, als die Beziehung zu seinem Hund zu festigen. Dazu ist der Spaziergang die beste Zeit! Während des Spaziergangs können wir unserem Hund auf gefühlvolle und artgerechte Weise zeigen, dass wir für ihn die Verantwortung tragen und für ihn sorgen. Aber nur, wenn wir verstanden haben, diese Zeit richtig zu nutzen, erreichen wir beim Spazierengehen eine wahre Verbindung zu unserem Hund. Nur so spüren Mensch und Hund tief in ihrem Inneren: „Wir gehen denselben Weg, einen Weg der Verbundenheit, in Respekt und Verantwortung." Das ist Liebe!

DIE HUNDELEINE

Nur wenn man den Hund als das erkennt, was er ist, kann man ihm auch beim Spazierengehen zeigen, dass er uns vertrauen kann und an unserer Seite sicher ist. Dazu sollte der Mensch aber kein Problem mit Freiheit haben. Ein großes Problem ist, dass viele Menschen schon von Grund auf eine negative Beziehung zur Hundeleine haben. Diese Menschen sind oftmals davon überzeugt, dass die Leine etwas Schlechtes für ihren Hund bedeutet. Doch so können sie ihrem Hund dann keine Sicherheit geben. Diese innere Einstellung führt nämlich dazu, egal ob der Hund mit oder ohne Leine läuft, dass diese Menschen Schwierigkeiten haben, ihrem Hund Sicherheit zu vermitteln.

Selbstverständlich gibt es auch Menschen, die davon überzeugt sind, dass die Leine etwas Gutes und Natürliches für ihren Hund ist. Dazu sollte man auch wissen, dass die Hundeleine schon seit über 7 000 Jahren von Menschen zur Verbindung von Mensch und Hund genutzt wird. Es ist wichtig zu verstehen, dass die Hundeleine zur gemeinsamen Entwicklung der Mensch-Hund-Beziehung dazugehört, wenn man sie richtig nutzt. Der Hund lernt mithilfe der Leine, eine Verbindung zu seinem Menschen aufzubauen.

Ich kenne Hundebesitzer, die sich nichts sehnlicher wünschen, als eine Beziehung zu ihrem Hund aufzubauen, ohne die Leine zu Hilfe zu nehmen. Diese Menschen haben meist andere Mensch-Hund-Beziehungen ohne Leine beobachtet. Dabei wird leicht übersehen, dass es auch in diesen Verbindungen eine Leine gibt; sie existiert, ist aber sozusagen eine unsichtbare Leine, die zwischen beiden besteht. Diese Hundebesitzer sind meist kurz vorm Verzweifeln, denn sie wollen unbedingt ebenfalls so eine Beziehung zu ihrem Hund erreichen. Das ist aber nicht möglich, solange sie sich nur auf das Beispiel „Hund ohne Leine“ fokussieren. Dann vergessen sie, was eine gute Beziehung zwischen Mensch und Hund ausmacht. Sie können nicht erkennen, was die Natur des Hundes ist und was Freiheit für ihren Hund bedeutet. Freiheit bedeutet für den Hund, sich auf seinen Menschen immer und in jeder Situation verlassen zu können. Man darf dabei auch nicht außer Acht lassen, dass manche Hunde, allein durch ihre Vorgeschichte oder ihre Persönlichkeit, die Leine brauchen, um sich in verschiedenen Situationen an unserer Seite sicher zu fühlen. Hier ist es wirklich ein Problem, wenn der Mensch diesem Hund die Sicherheit nicht geben kann, nur weil er eine falsche Vorstellung von Freiheit im Kopf hat.

Die Leine ist für mich die Verlängerung meines Arms. Sie ist eine direkte Verbindung zum Hund. Das vergleiche ich gern mit dem Moment, in dem ich ein Kind an meiner Hand habe. Die Leine schenkt dem Hund, genauso wie meine Hand dem Kind, Sicherheit und Liebe. Mithilfe der Leine zeige ich meinem Hund die Welt und wir beide lernen uns kennen, mithilfe der Leine bauen wir unsere Beziehung auf, in der sich mein Hund frei entfalten kann. Selbstverständlich gibt es später auch einmal viele Situationen, in denen es die Leine nicht braucht, weil wir inzwischen auch durch unser unsichtbares Band verbunden sind.

Tritt zum Beispiel ein neuer Hund in mein Leben, vielleicht ein Welpe oder ein Hund aus dem Tierschutz, möchte ich mit ihm eine gute Beziehung aufbauen. Dazu ist es wichtig, dass er mir seine Persönlichkeit zeigt und ich verstehe, was er in seinem bisherigen Leben erlebt hat. Er soll ab jetzt spüren, dass ich nun sein Mensch bin, auf den er sich immer und überall verlassen kann. Diese Beziehung baue ich auf, indem ich meinen Hund in den Alltag integriere. Zu Hause gebe ich ihm eine gute Struktur und beim Spazierengehen benutze ich dazu gern die Leine. In unserer von Menschenhand geprägten Welt leben viele Hunde in einer Umgebung, in der sie zeitweise oder hauptsächlich angeleint werden müssen. Daher ist es so wichtig, das gemeinsame Gehen an der Leine seinem Hund von Anfang an zu zeigen, in Ruhe und mit viel Sicherheit. Dann ist die Leine für den Hund später etwas Natürliches, Alltägliches und bleibt es für ein Hundeleben lang.

Ruft man seinen Hund im Spiel mit fremden Hunden zu sich und leint ihn an, befürchten manche Menschen, dass ihr Hund es ihnen übelnimmt. Diese Menschen glauben sogar, dass die Leine dadurch für den Hund negativ belegt wird, weil er nicht weiterspielen darf. Tatsächlich aber ist es der Mensch, der die Leine mit Unfreiheit verbindet. Glauben Sie mir, wenn die Mensch-Hund-Beziehung stimmt, freut sich unser Hund, neben uns herzulaufen. Dann genießt er seine Aufgabe, denn es entspricht seiner Natur, den Menschen zu begleiten.
Kommt die Sprache aufs Spazierengehen, fällt mit Sicherheit kurz darauf auch das Wort Leine. Denn in vielen Menschen geistert die Vorstellung herum, dass nur ein Hund, der ohne Leine läuft, ein glücklicher Hund ist. Während alle anderen Hunde, die täglich mit ihrem Menschen an der Leine gehen, ein Leben in trauriger Gefangenschaft führen.

Doch nutzt man die Leine bewusst als Verbindung zu seinem Hund, ist sie keinesfalls eine Bestrafung – im Gegenteil: Sie gibt Ruhe und Sicherheit. Die Leine ist ein gutes Mittel und eine Hilfe, eine vertrauensvolle Verbindung zwischen Hund und Mensch zu schaffen. Dementsprechend darf man sie nicht dazu benutzen, den Hund damit zu bestrafen, oder den Hund an ihr herumzureißen. Beobachten Sie ruhig einmal andere Menschen mit ihren Hunden. Wenn Sie sehen, dass ein Hund schlecht an der Leine geht, ist das ein eindeutiges Zeichen dafür, dass in dieser Mensch-Hund-Beziehung der Mensch nicht die Verantwortung trägt.

Die Hundeleine ist etwas, was Sie mit Ihrem Hund verbindet, keine Strafe!

Dass Sie Ihren Hund sicher und verantwortungsvoll an der Leine führen können, müssen Sie ihm durch Ihre innere Einstellung und Ihr Selbstbewusstsein zeigen. Nur dann wird Ihr Hund Sie respektieren und Sie können die Leine locker in der Hand halten. Dann ist Ihre Mensch-Hund-Beziehung perfekt und die Leine dient Ihnen dazu, das Band, das zwischen Ihnen und Ihrem Hund besteht, nach außen sichtbar zu machen und dem Hund die Richtung zu zeigen, in die es gehen soll. Ich will hier nicht außer Acht lassen, dass die Leine, sofern der Mensch sie falsch einsetzt, für den Hund durchaus etwas Negatives ist. Das liegt sehr oft daran, dass manche Menschen den Hund im falschen Moment an die Leine nehmen. Möchten Sie zum Beispiel zum Spaziergang aufbrechen und Ihr Hund ist sehr aufgeregt, ist das nicht der richtige Zeitpunkt, ihn anzuleinen. Denn dann bedeutet die Leine ebenfalls nur Aufregung. Und die nimmt der Hund mit auf die Straße.

In manchen Großstädten gibt es mittlerweile die Unterstützung von Gassigehern. Man kann beobachten, dass diese Menschen häufig mit bis zu zehn Hunden auf einmal durch die Stadt spazieren gehen. Die Hunde, die sie führen, sind untereinander freundlich und fühlen sich alle sicher. Sie orientieren sich an den Menschen und halten an jeder Ampel. So meistern sie in der Gruppe den Stadtverkehr, laute Kinder, Fahrradfahrer, Jogger und alle möglichen Hundebegegnungen. Obwohl diese Hunde alle an der Leine sind, ziehen sie nicht, wie sie es vielleicht normalerweise bei ihrem Besitzer tun würden. Sie merken, dass dieser Mensch für sie die Verantwortung trägt und sie sich bei ihm sicher fühlen. Viele Menschen, die die Gassigeher beobachten, fragen sich dann: Wie kann das sein, wie kann dieser Mensch mit zehn Hunden an der Leine ohne Ziehen und ohne Probleme durch die Stadt laufen? Die Antwort darauf ist nicht so kompliziert, wie man denken könnte. Dieser Mensch hat ein Ziel, er trägt die Verantwortung für jeden einzelnen Hund und die Gruppe. Dieser Mensch hat die Kenntnis, was ein Hund ist. Er lässt sich nicht von falscher Freiheit beeindrucken. Dieser Mensch ist überzeugt von dem, was er macht, und er weiß, dass es den Hunden guttut. Es ist für ihn normal, jeden Tag einen neuen Hund in seine Gruppe einzuführen. Dazu benutzt er eine klare Struktur. Nur so können alle gemeinsam miteinander klarkommen. Dieser Mensch hat kein schlechtes Gewissen und fühlt sich gut damit, diese Struktur für das positive Gefühl innerhalb der Gruppe mithilfe der Leine zu nutzen.

Wenn Sie Ihren Hund einmal genau beobachten, können Sie an seiner Reaktion sofort erkennen, ob Sie ihn tatsächlich ruhig und sicher führen. Dann läuft er perfekt an der Leine. Das ist der Dank dafür, dass Sie es richtig machen.

MIT ÜBERZEUGUNG STARTEN

Die Zeit zu zweit in der freien Natur spielt bei der Anschaffung des Hundes oft eine große Rolle. Doch leider platzen Träume und Vorstellungen schnell und im täglichen Zusammenleben sieht alles anders aus. Das gemeinsame Spazierengehen wird zur Routine, weil im Alltag keine Zeit für einen Ausflug ins Grüne ist. Problematisch wird es spätestens, wenn der Hund nicht so will, wie man es sich vorgestellt hat. Statt brav an der Seite seines Menschen zu laufen, zieht er an der Leine, läuft hin und her, wohin er will, bellt Hunde, Kinder oder Jogger an. Selbst wenn man ihn von der Leine loslässt, in der Hoffnung, nun würde es besser klappen, macht er sich erst recht selbstständig. Klar, dass die Menschen die Lust verlieren und nur noch das Nötigste machen. Der Weg raus aus diesem Dilemma ist, den täglichen Spaziergang richtig zu strukturieren. Sie sollen wissen: Hunde brauchen nicht viel, um glücklich zu sein. Ihnen genügt ein Mensch, der sich so verhält, wie es der Art und dem Wesen des Hundes guttut.

Das Wichtigste für Ihren Hund ist dabei, dass er sich auf Sie als seinen Menschen und seine Familie verlassen kann. Dieses Gefühl der Sicherheit und Geborgenheit braucht er, um entspannt und ausgewogen an der Seite seines Menschen zu leben. Die Voraussetzung dafür ist, dass wir unseren Hund dabei unterstützen, schnell zu lernen, was er an unserer Seite können muss, um keine Probleme zu haben. Dabei soll der Mensch verantwortungsvoll und ruhig seinen Hund an alles Neue heranführen, sodass dieser dabei keinen Stress hat. Stress ist genau das Gegenteil von dem, was ein Hund braucht, um etwas Neues zu lernen. Denn auch Hunde sind, wie wir Menschen, sehr unterschiedlich.

Ein Hund möchte seinem Menschen blind vertrauen. Daher ist es so wichtig, dass der Mensch seinem Hund das immer wieder deutlich macht. Nur so lernt dieser, dass sein Mensch in allen Lebenslagen die Verantwortung für ihn trägt und er hier sicher ist. Worauf ich hinauswill: Wir Menschen sollen, egal welchen Hundetyp wir an unserer Seite haben, Hilfestellung geben, damit unser Hund Schwierigkeiten, die sich ihm entgegenstellen, mit unserer Hilfe bewältigen kann. Weil er weiß, dass sein Mensch an seiner Seite ist. Egal woher Ihr Hund kommt und wie alt er ist, ob er ein Rassehund ist oder Sie den Hund gerade aus dem Tierheim übernommen haben. Unwichtig, wie lange der Hund schon Probleme hat, mithilfe der richtigen Struktur in Ihrem täglichen Spaziergang können Sie auf eine dem Hund verständliche Art und Weise viele Probleme lösen. Fast unbemerkt stärken Sie dabei auch noch Ihre Beziehung zu ihm. Daher ist es so bedeutend, dass Sie nicht unterschätzen, wie wichtig der gemeinsame Spaziergang für Ihren Hund ist.

Glauben Sie mir, in vielen Jahren meiner Arbeit habe ich viele verschiedene Menschen und Hunde kennengelernt. Die Probleme waren meist darin begründet, dass der Mensch seinen Hund nicht als Hund erkannt hat. Menschen, die Freiheit falsch verstanden haben oder wo es Probleme gab, dem Hund eine richtige Struktur zu Hause zu geben, damit er sich dort sicher fühlen konnte. Was aber bei fast allen zutraf: Sie waren nicht in der Lage, ihren täglichen Spaziergang richtig zu strukturieren. Sie konnten ihrem Hund während des Spaziergangs nicht zeigen, dass sie als Mensch die Verantwortung für ihn tragen. Denn ohne die Bedeutung zu kennen:

— Was ist ein Hund?
— Was bedeutet Freiheit für einen Hund?
— Welche Struktur braucht ein Hund bei uns zu Hause?

Ohne dieses Wissen fällt es dem Menschen schwer, für eine klare Struktur auf dem Spaziergang zu sorgen.

Es ist wirklich wichtig, dass Sie nicht unterschätzen, wie wertvoll und nötig der tägliche Spaziergang mit einer richtigen Struktur ist. Nehmen Sie sich genügend Zeit, alles zu verstehen, und verzweifeln Sie nicht, denn alles ist ein Prozess. Mein Ziel ist es, hier Ihre Instinkte zu wecken, sodass es für Sie etwas völlig Normales wird, als Mensch zu erkennen, wie wichtig eine klare Struktur ist, damit Sie Ihrem Hund das geben können, was er braucht.

Wer zuerst lernen muss, wie man Struktur in einen Spaziergang bringt, ist der Mensch. Ein Mensch kann sich nicht von heute auf morgen großartig verändern, das ist mir bewusst. Manche Menschen lassen ihren Hund immer ohne Leine laufen. Andere treffen sich mit Freunden auf einer Hundewiese. Und es gibt Menschen, die haben Angst vor Begegnungen jeglicher Art und gehen mit ihrem Hund ausschließlich in die einsame Natur.

Manche Menschen gehen mit ihrem Hund auch spazieren, ohne dabei auf den Hund zu achten. Ich verstehe, dass es manchmal schwer ist, selbst zu erkennen, ob die Art, wie man mit seinem Hund spazieren geht, schlecht für ihn ist. Deshalb empfehle ich allen Menschen, egal wie verschieden sie sind: Wenn Sie sich eine gute Beziehung zu Ihrem Hund ohne Probleme wünschen, dann geben Sie Ihrem Hund durch eine richtige Struktur im täglichen Spaziergang Sicherheit und das Gefühl, ein Teil von Ihnen zu sein.

Dazu kann es ausreichen, dass Sie Ihren Hauptspaziergang, damit meine ich den täglichen Spaziergang, der am längsten dauert, mit meiner folgenden Struktur gehen. Tun Sie das dann einmal täglich so, wie von mir beschrieben, werden Sie merken, wie gut dieser Spaziergang Ihrer Mensch-Hund-Beziehung tut und von selbst eine eigene Struktur für alle Ihre Spaziergänge entwickeln.

Strukturen und klare Grenzen können das Leben von Mensch und Hund erleichtern. Aber nur, wenn Sie mit Ihrem Hund die richtige Balance aus Verantwortung und Freiheit finden. Zu viel Aufregung ist nicht gut. Viele Menschen deuten es dennoch als ein Zeichen der Freude. Dabei ist das, was Sie als übermäßige Freude deuten, nichts anderes als Aufregung und Verunsicherung. Was der Hund braucht, bevor Sie den Spaziergang beginnen, ist Ruhe und Sicherheit. Sprechen Sie nicht mit ihm. Versuchen Sie ganz in sich selbst zu ruhen. Und warten Sie einfach ab, was passiert. Der eine Hund wird sich schon bald entspannt hinlegen, ein anderer braucht vielleicht etwas länger, bis er innerlich zur Ruhe kommen kann. Er wird um Sie herumkreisen, aufgeregt schnuppern, sich neben Sie setzen, stark hecheln ... Warten Sie ab, bis er endlich spannungsfrei alle Beine von sich streckt, bis er bei Ihnen Ruhe und Sicherheit gefunden hat, weil Sie selbst im Moment völlig ruhig und sicher sind. Sonst nehmen Sie die Unruhe mit auf die Straße.

PRAKTISCH SOLLTE DER STRUKTURIERTE SPAZIERGANG SO AUSSEHEN:

Zuerst lassen Sie Ihren Hund schnuppern und seine Notdurft verrichten.
Wenn es dann weitergeht, achten Sie darauf, dass sich Ihr Hund auf Sie, seinen Menschen, konzentriert. Er braucht nichts weiter zu tun, als die artgerechte Aufgabe zu erfüllen, Ihr Begleiter zu sein. Dabei kommt es nicht mehr darauf an, schnell einen anderen Platz zu erreichen, an dem Ihr Hund sich austoben soll, nein, es kommt darauf an, dass Sie als Team einen gemeinsamen Weg gehen. Das ist für Ihren Hund anstrengender, als zum Beispiel immer wieder einem Ball nachzurennen oder mit fremden Hunden auf einer Wiese zu toben. Warum? Weil es seinen Kopf auslastet und seiner Natur entspricht. Während er die Aufgabe hat, Sie zu begleiten und an Ihrer Seite zu sein, arbeitet er. So geben Sie Ihrem Hund eine natürliche Aufgabe nach seinem Instinkt. Wenn Sie in Ruhe und mit genügend Zeit ein sicheres Plätzchen gefunden haben, bekommt Ihr Hund nun etwas Zeit zum Herumschnüffeln, Ausruhen oder Spielen. Dort können auch Sie die Ruhe genießen oder sich einfach selbst ausruhen und die Natur beobachten. Die Pause soll nach ausreichend Zeit von Ihnen beendet werden. Sie werden sehen, wie leicht es Ihrem Hund fällt zu verstehen, dass er sich an Ihnen orientieren kann und sich nicht mehr so leicht ablenken lässt. Eine Hilfe des strukturierten Spaziergangs ist zudem, wenn Sie nicht zu oft stehen bleiben. So zeigen Sie Ihrem Hund, dass Sie die Verantwortung für den Spaziergang übernehmen.

Zusammengefasst bedeutet es, den Spaziergang zu strukturieren, wenn …
— der Hund während des geführten Spaziergangs an der Seite seines Menschen läuft.
— der Mensch entscheidet, in welchem Tempo man läuft und wo es langgeht.
— der Mensch aufmerksam ist und vorausschauend handelt, um mögliche Konflikte zu vermeiden.
— der Mensch sich und seinen Hund als ein Team sieht und beide – Mensch und Hund – Freude am Spaziergang haben und diesen genießen können.

Auf dem strukturierten Spaziergang können Sie verschiedene Gelegenheiten, die sich Ihnen unterwegs bieten, nutzen, um Ihrem Hund zu helfen, Unsicherheiten zu überwinden, oder Grundkommandos einzuüben und zu festigen, die für Sie im Alltag wichtig sind.
Durch besondere und neue Aufgaben zwischendurch gewinnt der gemeinsame Spaziergang zusätzlich an Qualität und wird zum Training mit Köpfchen.
Genau das stärkt dann auch wieder die Mensch-Hund-Beziehung. Daher haben Sie bitte kein schlechtes Gefühl, wenn Sie ab heute den Spaziergang strukturieren.
Würden Hunde wie Wölfe in freier Wildbahn leben, wäre ihr Tag klar strukturiert: Erst käme die Jagd, dann das Fressen und schließlich das Ruhen. Dieser Rhythmus tut auch unseren Hunden gut, weil er ihren Instinkten und ihrem genetischem Erbe entgegenkommt. Natürlich brauchen Hunde nicht zu jagen, vor allem sollen sie das gar nicht. Aber sie brauchen eine Aufgabe, die sie auf natürliche Art ausfüllt und sie auf eine artgerechte Weise müde macht. Bei uns Menschen ist es doch auch nicht anders, auch wir brauchen eine Struktur für unser Wohlbefinden. Wenn Sie das bei Ihrem Spaziergang berücksichtigen und diesen für Ihren Hund strukturieren, lasten Sie Ihren Hund auf artgerechte Weise aus.

Ihr Hund ist Ihr treuer Freund und Begleiter. Anders als beim menschlichen Partner erwartet Ihr Hund von Ihnen nicht, dass Sie ihm dieselben Rechte einräumen. Ihr Hund möchte nicht die Richtung bestimmen, in die es geht. Er möchte auch nicht ständig auf Sie aufpassen müssen und darauf achten, dass sonst alles in Ordnung ist und keine Gefahr droht. Ihrem Hund ist es viel lieber, wenn Sie, als sein verantwortlicher Mensch, diese Aufgaben übernehmen und er sich keine weiteren Gedanken machen muss. Wenn der Mensch Verantwortung übernimmt und den Spaziergang klar strukturiert, braucht er sich nicht schlecht zu fühlen.
Vorausgesetzt, dass der Mensch seinen Standpunkt konsequent und mit der nötigen Ruhe übermitteln kann, sodass der Hund ihn versteht. Denken Sie bitte immer daran, Hunde wollen uns Menschen folgen, sich an uns orientieren. Genau das entspricht ihrer Natur. Damit meine ich selbstverständlich auch, dass auf Augenhöhe mit seinem Hund zu sein, nicht gleichzeitig bedeutet, dass jeder gleich bestimmen kann. Es bedeutet vielmehr, mit Respekt die Bedürfnisse des Hundes zu erkennen und seinen Alltag artgerecht zu gestalten.

KOMMUNIZIEREN BEIM SPAZIERENGEHEN

Eine einfache Möglichkeit, artgerecht mit seinem Hund zu kommunizieren, ist beim Spaziergang. Zusammen das gleiche Ziel zu haben, einen gemeinsamen Weg zu gehen und ein Team zu bilden, das alles ist für unseren Hund und uns etwas Natürliches und Instinktives. Wenn viele Menschen das verstehen und diese Zeit dazu nutzen, um während des gemeinsamen Spaziergangs ihre Beziehung zum Hund zu stärken, wäre das wunderschön. Leider schaffen sich viele Menschen aber einen Hund an, um dann die Wünsche, die sie mit einem Hund verbinden, für sich zu erfüllen. Dabei vernachlässigen diese Menschen die Kommunikation mit ihrem Hund während des Spazierengehens und verstehen nicht, warum sie Probleme haben. Manchmal unterschätzen Menschen, wie wichtig ein artgerechter Spaziergang für den Hund ist. Dabei unterschätzen sie auch ihre Möglichkeit, dem Hund auf diese einfache Art beim Spazierengehen zu zeigen, dass sie der Mensch sind, der ihm die nötige Sicherheit und Ruhe gibt.

Hat der Mensch eine falsche Vorstellung, wie sein Hund sich draußen verhalten soll und was ein Hund braucht, ergeben sich viele weitere Missverständnisse. Der Mensch erwartet natürlich auch, dass der Hund locker und ohne zu ziehen an der Leine läuft. Er wünscht sich nichts sehnlicher, als seinen Hund so schnell wie möglich von der Leine zu lassen, um ihm einen großen Radius der Bewegungsfreiheit zu ermöglichen und um dafür zu sorgen, dass sich der Hund austobt. Gleichzeitig erwartet der Mensch aber auch, dass sich sein Hund mit jedem fremden Hund versteht und mit allen Menschen klarkommt. Und fast hätte ich es vergessen: Selbstverständlich wünscht sich der Mensch auch, dass sein Hund sofort zurückkommt, wenn er ihn ruft. Menschen, die sich das so wünschen, haben leider eine falsche Vorstellung davon, was ein Hund ist und was er braucht. Dann ist es nicht verwunderlich, wenn diese Traumziele so nicht erreicht werden können.

Durch den strukturierten Spaziergang kann der Hund verstehen, dass er sich auf seinen Menschen verlassen kann. Nur so können beide eine Beziehung zueinander aufbauen.

Manche Menschen fokussieren sich so sehr auf diese Wünsche und arbeiten so hart daran, diese zu verwirklichen, dass sie dann regelrecht verzweifeln, wenn sie diese Ziele nicht erreichen. Andere Menschen möchten die gleichen Ziele erreichen und glauben das zu erreichen, indem sie ihrem Hund immer mehr Freiheit ohne Grenzen geben. Das führt selbstverständlich auch wieder zu Missverständnissen und Problemen. Sie alle erkennen nicht, wonach sich ihr Hund sehnt - nämlich danach, dass ihm sein Mensch die nötige Sicherheit schenkt. Diese Beispiele haben etwas gemeinsam. Die Menschen verlieren enorm viel Zeit und obwohl sie alles so gut gemeint haben, verschlechtert sich ihre Beziehung zum Hund. Denn die Vorstellungen dieser Menschen waren die falschen.

Wenn der Mensch sich dazu entschlossen hat, einen Hund in seine Familie oder als Partner aufzunehmen, darf das für den Hund nicht bedeuten, dass er so sein muss, wie der Mensch es sich wünscht.

Selbstverständlich brauchen wir gut gemeinte Ziele und Vorstellungen. Das darf aber nicht dazu führen, dass die Beziehung zum Hund auseinandergeht. Mensch und Hund müssen sich kennenlernen. Dazu muss man einen gemeinsamen Weg gehen und wissen, dass sich unser Hund bei uns Menschen ruhig und sicher fühlen soll, damit er dann auch ausgeglichen ist. Das Leben mit einem Hund ist wie ein Weg. Auch wenn man nicht alle Ziele erreicht, wichtig ist, dass man den richtigen Weg von Anfang an zusammen geht und dabei zusammenwächst. Dafür ist der Spaziergang die beste Gelegenheit. In dieser gemeinsamen Zeit haben Sie und Ihr Hund die Möglichkeit, sich gegenseitig kennenzulernen und in Respekt zusammenzuwachsen.

Durch nichts Einfacheres als den gemeinsamen Spaziergang mit einer richtigen Struktur vermitteln Sie Ihrem Hund klar und deutlich, dass Sie immer für ihn da sind. Eins steht fest: Spazierengehen tut beiden gut, Mensch und Hund.
Man ist gemeinsam an der frischen Luft und entdeckt die Umgebung. Aber am allermeisten profitiert die Beziehung. Denn was man zusammen erlebt, schweißt zusammen. Hunde sind keine Wölfe oder wilden Tiere. Vielmehr hat der Mensch ein neues Lebewesen geschaffen. Dieses Lebewesen will bei uns sein, uns begleiten, mit uns leben. Die Instinkte dieses Lebewesens binden es an uns.

Ein Hund möchte ein Teil von uns sein und uns folgen.

Fragt mich ein Hundebesitzer, wie viel Freiheit er seinem Hund geben muss, hat er in meinen Augen eigentlich schon ein Beziehungsproblem mit seinem Hund. Denn wenn wir Menschen unseren Hund gut an unser Leben angepasst haben, wenn wir ihm die nötige Sicherheit geben und uns für ihn verantwortlich fühlen, dann und nur dann fühlt sich der Hund auch nicht eingesperrt. Um das zu verstehen, dürfen wir uns selbst aber nicht im Wege stehen. Wir müssen uns doch nur so verhalten, wie wir Menschen es über Jahrtausende getan haben, und unserem Hund zeigen, dass wir für ihn ein verantwortungsvoller Mensch sind. Wenn wir das nicht tun, kommen die Probleme ins Rollen. Der Hund wird sich unsicher fühlen und sich nicht mehr so verhalten, wie sein Mensch es sich wünscht. Vielleicht zieht er dann an der Leine, kläfft oder ist aggressiv zu anderen Menschen oder Hunden. Dazu kommt, dass nicht nur der Mensch unter diesem Verhalten leidet, nein, auch für den Hund bedeutet diese Unsicherheit Dauerstress. Dabei ist es wirklich nicht schwer: Je früher man versteht, dass der Hund uns instinktiv folgen möchte, und man sich diesen Instinkt zunutze macht, je leichter ist es, dem Hund zu zeigen, wie er auf ruhige und sichere Art ein Teil unseres Lebens werden kann.

Einen Hund kann es auch verunsichern, wenn wir ihm mit unserer Sprache etwas mitteilen, das er kennt, zum Beispiel Komm oder Sitz. Wenn wir dieses Kommando dann aber 20 Mal völlig genervt wiederholen, weiß der Hund nicht mehr, was sein Mensch von ihm möchte. Er möchte gern zu Ihnen kommen, was für ihn eigentlich etwas Gutes und Schönes bedeutet. Gleichzeitig spürt er, dass sein Mensch in diesem Moment nicht die ruhige und sichere Art ausstrahlt, die er als Hund braucht, um sich bei diesem Menschen geborgen zu fühlen. Dann kann es passieren, dass es dem Hund egal ist, was dieser Mensch tut oder ruft. Er verlässt sich lieber auf sich selbst und entdeckt vielleicht sogar etwas anderes, das er in diesem Moment viel spanndender findet.

Der Mensch muss verstehen, dass Hunde selbstverständlich anhand der Art, wie wir mit ihnen kommunizieren, unterscheiden können, was wir von ihnen möchten. Sie merken aber auch, wie wir uns in dem Moment fühlen. Daher ist es kein Wunder, dass es leicht zu Missverständnissen kommt.
Erkennen wir aber den Hund als das an, was er ist, und kommunizieren mit ihm in einer ruhigen und sicheren Art, sodass er versteht, was wir von ihm möchten, dann können wir durch diese Kommunikation eine gute Verbindung aufbauen. Nur so schaffen wir eine Basis, auf der unser Hund uns versteht und lernen kann, was wir von ihm erwarten. Das bedeutet auch, dass selbst wenn es in der Kommunikation zwischen Mensch und Hund schon zu Missverständnissen gekommen ist, man diese immer wieder ändern kann. Auch dazu hilft Ihnen der klar strukturierte Spaziergang.

Am besten nutzen Sie dazu eine ungewohnte und neue Umgebung. Allein dadurch ist es für Ihren Hund einfacher zu verstehen, dass er nichts weiter tun soll, als Sie zu begleiten und mit Ihnen zu laufen. So lernt Ihr Hund auf eine artgerechte Art, was Sie sich von ihm wünschen, und das wiederum ist wichtig für die Bindung. Ihr Hund versteht, ohne es großartig zu merken, was Sie von ihm möchten. Er braucht dann einfach nur Ihr Begleiter zu sein und kann so lernen, dass Sie ihn über alle Hindernisse führen. Egal ob andere Hunde auf ihn zukommen oder Autos, Sie führen ihn so lange, bis Sie einen geeigneten Platz für eine Pause finden. An diesem Platz schenken Sie ihm Ruhe und geben ihm Gelegenheit, sich zu entleeren und zu erholen. Allein durch diese Struktur teilen Sie Ihrem Hund mit, dass er etwas gut gemacht und sich nun eine Pause verdient hat. Möchten Sie die Pause wieder beenden, dann machen Sie sich erneut interessant für Ihren Hund und signalisieren ihm so, dass es jetzt weitergeht. So haben Sie seine volle Aufmerksamkeit und er kann sich wieder voll und ganz auf Sie konzentrieren, um Sie zu begleiten. Ihr Hund bekommt so eine Aufgabe, was seiner Natur entspricht. Denn es liegt ihm im Blut und entspricht seinen Instinkten, Ihnen überallhin zu folgen.

Eines dürfen wir nie vergessen: Damit sich ein Hund wohlfühlt, möchte er die Aufgabe übernehmen, die ihm die Natur zugedacht hat. Wenn wir ihm keine Aufgabe geben, nehmen wir ihm die Möglichkeit, seine Position in unserer Familie oder an unserer Seite zu finden. Das verunsichert ihn. Ein Hund muss sich bei seinen Menschen fühlen wie ein richtiges Familienmitglied. Und dies gelingt nicht nur, indem der Mensch für Ruhe und Sicherheit sorgt, sondern auch, indem er ihm eine Aufgabe gibt, die seiner Natur entspricht. Und was ist eine Aufgabe, die Sie einfach in den Alltag integrieren können? Die Aufgabe heißt: Gemeinsam als Team spazieren gehen. Durch nichts Besseres können Sie Ihrem Hund öfter und einfacher zeigen, dass Sie auf ihn aufpassen und dass Sie alles im Blick und im Griff haben. Dass Sie auch in kniffligen Situationen gut für ihn sorgen. Kurz: Dass er sich auf Sie verlassen kann. Die Folge davon ist ein durch und durch entspannter Hund, der sich gut benimmt. Genau so, wie man es sich immer gewünscht hat.

PROBLEME ÜBERWINDEN

Erst während des Spaziergangs fällt manchen Hundebesitzern auf, dass ihr Hund sich nicht so verhält, wie sie es sich eigentlich wünschen. Sie erkennen dann nicht, dass ihr Hund sich so verhält, weil er sich unsicher fühlt. Die Ursache liegt meist darin, dass der Mensch von Anfang an nicht verstanden hat, wie wichtig es ist, sofort mit der richtigen Struktur beim Spaziergang zu beginnen. Nur so kann sich ein Hund vom ersten Tag an bei uns wohlfühlen und wir vermeiden Schwierigkeiten in der Mensch-Hund-Beziehung. Natürlich kann das auch passieren, wenn wir einen Hund adoptieren, der schon eine Vergangenheit hat. Damit meine ich einen Hund, der schon erwachsen ist. Ein erwachsener Hund wird uns beim Spazierengehen nicht zeigen, was er kann oder was er nicht kann. Dieser Hund zeigt uns, wie er sich in diesem Moment an unserer Seite fühlt. Das Wichtigste dabei ist, dass er uns durch sein Verhalten zeigen wird, was er in diesem Moment von uns braucht, um sich bei uns sicher zu fühlen.

Ein großer Fehler wäre jetzt, wenn der Mensch dieses Verhalten des Hundes ausschließlich als Problem ansieht und es lösen möchte, indem er mit dem Hund nur daran arbeitet. Dann hat der Mensch nicht erkannt, dass auch er sich ändern muss, um seinem Hund die fehlende Sicherheit zu geben. Ich meine damit zum Beispiel, wenn ein Hund beim Spazierengehen an der Leine zieht oder ein ungewöhnliches Verhalten bei Hundebegegnungen zeigt. Verhält sich der Hund so wie hier beschrieben und sein Mensch möchte dieses Verhalten ändern, darf er sich nicht darauf fokussieren, im Sinne von: Oje, der Hund zieht an der Leine. Oje, der Hund mag keine fremden Hunde. Hier ist wichtig, dass der Mensch sich folgende Fragen stellt: Wie kann ich als Mensch meinem Hund Sicherheit geben, damit er nicht an der Leine zieht, und wie kann ich als Mensch meinem Hund zeigen, dass er mir vertrauen kann, wenn wir fremden Hunden begegnen?

Es geht dabei nicht darum, was oder wie viel der Hund bisher gelernt hat. Es geht auch nicht darum, wie viel er noch lernen muss. Vielmehr geht es darum, dass der Mensch dafür sorgt, dem Hund die Aufregung und Unsicherheiten zu nehmen, damit er sich bei seinem Menschen sicher fühlt. So merkt der Hund: Das ist ein Mensch, der für mich die Verantwortung trägt.

Ich kann gut nachvollziehen, wenn Menschen Schwierigkeiten haben, das zu verstehen. Dann stigmatisieren sie ihren Hund durch sein Verhalten. Mein Hund mag nicht an der Leine laufen, mein Hund mag keine fremden Hunde und so weiter. Aber dieses Verhalten hat nichts mit der Persönlichkeit des Hundes zu tun. Im Gegenteil, es hat etwas mit dem Status der Mensch-Hund-Beziehung zu tun. Mit Status meine ich: Wie weit sind wir in unserer Beziehung zum Hund? In dieser Situation zeigt der Hund dem Menschen durch sein „schlechtes" Verhalten nur, dass er Hilfe braucht, um sich sicher zu fühlen. Daher ist es so wichtig, dass man als Mensch nicht versucht, diesen Schwierigkeiten aus dem Weg zu gehen, sondern sich dafür wappnet, indem man lernt, dem Hund Sicherheit zu geben. Dafür ist es wichtig, den Spaziergang so, wie von mir beschrieben, zu strukturieren. Dann darf man Situationen, in denen man merkt, dass der Hund und vielleicht auch der Mensch sich nicht sicher fühlen, nicht ausweichen. Denn es ist wichtig, dieser Unsicherheit jeden Tag aufs Neue zu begegnen und so Sicherheit zu gewinnen. Und das ist auch sehr einfach. Haben wir zum Beispiel auf der Route unseres täglichen Spaziergangs immer ein Problem mit einem großen Plastikcontainer, werden wir deswegen nicht die Straßenseite wechseln, sondern durch tägliche Routine unserem Hund unbewusst die Sicherheit geben, die er an unserer Seite braucht, um an diesem Container vorbeizulaufen.

Warum macht der Mensch nicht dasselbe, wenn der Hund Probleme bei Hundebegegnungen hat? Die Lösung ist auch hier nicht anders als beim Container. Man muss erkennen, in welchem Moment der eigene Hund „ausrastet". Dann nimmt man seinen Hund wie ein kleines ängstliches Kind an die Hand und geht mit dem nötigen Abstand vorbei. Auch wenn in diesem Moment (die Hand) die Leine angespannt ist, hat man dadurch (dem Kind) dem Hund gezeigt, dass er uns hier vertrauen kann und bei uns sicher ist. Vielleicht zeigt unser Hund nicht gleich, dass er von dieser Sicherheit überzeugt ist. Daher ist es so wichtig, diese Begegnungen so oft wie möglich in unseren Spaziergang einzubauen. Das gelingt Ihnen aber nur, wenn Sie Ihrem Spaziergang die richtige Struktur geben. Nur so bekommt der Hund auch während des Spaziergangs die richtige Information von uns. Oftmals tun die Menschen in dieser Situation jedoch genau das Gegenteil. Sie versuchen, die Begegnung zu vermeiden, geben ihrem Hund dann während des Spaziergangs nicht die richtige Struktur und so erhält der Hund schon wieder eine Fehlinformation und kann sich nicht auf seinen Menschen verlassen.

Kennen wir das nicht alle? Oder haben wir nicht zumindest schon erlebt, dass uns angst und bange wurde, weil uns ein unangeleinter Hund entgegenstürmt. Hoffnungsvolle Blicke nach dem Eigentümer, der doch hoffentlich einschreitet, bleiben erfolglos. Ich glaube, das kennt jeder und viele von Ihnen haben schon schlechte Erfahrungen bei dieser Art von Begegnungen gesammelt. Für diese Begegnungen gibt es leider kein Rezept, das Ihnen mit Sicherheit hilft.

Es gibt eigentlich nur eins: sich aus der Situation zu entfernen oder das zumindest zu versuchen. Und dabei zu hoffen, dass der fremde Hund einem nicht folgt und aufgibt. Die andere Möglichkeit ist, sich der Situation ruhig und sicher zu stellen, sodass der fremde Hund merkt, dass Sie die Kontrolle und Verantwortung für alles tragen, und er dann verschwindet.

Ich für meinen Teil versuche immer, wenn mir ein Hundebesitzer entgegenkommt, meinen Hund spätestens dann an die Leine zu nehmen. Ich kenne den entgegenkommenden Hund nicht und auch nicht seinen Menschen. Ich weiß nicht, ob sich beide oder einer von beiden vielleicht nicht respektvoll gegenüber uns verhält. Mit „nicht respektvoll" meine ich aber auch die Situation auf einem normalen Spaziergang, bei dem ich an fremden Hundebesitzern vorbeigehe und deren Hunde dann außer Rand und Band in der Leine stehen und uns ankläffen. Mir tun diese Hunde sehr leid, denn wie Sie sich sicher denken können, liegt die Ursache dieses Verhaltens beim Hundebesitzer. Dieser Mensch kann aber meistens nicht verstehen, warum ich vielleicht ein Problem mit ihm und seinem Hund habe und das Verhalten seines Hundes respektlos finde. Er hat noch nicht verstanden, was ein Hund ist, was Freiheit für seinen Hund bedeutet und wie er seinem Hund zeigt, dass er an seiner Seite sicher ist.

Hat man als Hundebesitzer erkannt, dass in der Beziehung grundsätzlich etwas falsch läuft und der Hund in diesem Moment der Begegnung in einen extremen Stress gerät, nur weil man bisher nicht verstanden hat, was der Hund von einem braucht, muss man nicht verzweifeln. Auch dieses Verhalten lässt sich nachträglich

wieder ändern. Dazu ist es aber wichtig, dass der Mensch diese Basis, so wie ich sie hier im Buch beschrieben habe, auch verstanden hat. Nur dann kann man schon heute beginnen, alles zu ändern und mit seinem Hund strukturiert spazieren gehen. Dann kann man auch Begegnungen mit anderen Hunden suchen. Man darf aber nicht erwarten, dass man sofort einen respektvollen Hund an der Leine hat. Denn auch hier ist alles ein Prozess. Es hilft nichts, sich mit seinem Hund zu verstecken und einen ruhigen Waldweg zu suchen, auf dem man keine anderen Hunde trifft. Genau das Gegenteil ist wichtig, nämlich diese Begegnungen zu suchen. Nur so kann der Hund mit Geduld und in Ruhe verstehen, was sich geändert hat. Er hat nun einen verantwortungsvollen Menschen an seiner Seite und muss nicht mehr jeden und alles abchecken und selbst entscheiden, wer sich nähern darf und wer nicht. Hat der Mensch das nicht verstanden und lässt seinen Hund auf jeden und alles ohne Leine zulaufen, benimmt er sich in keinster Weise respektvoll gegenüber den anderen Mensch-Hund-Teams. Dieser Mensch muss bedenken, dass es oft einen Grund hat, wenn ihm der entgegenkommende Hundebesitzer signalisiert, dass er keinen Kontakt haben möchte. Dazu reicht es eigentlich schon, dass der Hund angeleint ist. Es gibt so viele Gründe, seinen Hund vor anderen Hunden zu schützen, die man nicht außer Acht lassen darf. Es kann sein, dass der Hund krank ist oder vielleicht gerade eine OP hinter sich hat. Vielleicht ist er auch schon alt und hat Schmerzen. Oder der Mensch möchte gerade etwas mit seinem Hund üben, sich mit ihm beschäftigen, wobei eine Begegnung mit einem anderen Hund stören würde. Es gibt auch Hunde, die auf andere Hunde aggresiv reagieren und es gibt Hunde, die sehr ängstlich sind. Das sollten wir als Hundebesitzer bei Begegnungen immer bedenken und respektieren.

Es ist also besonders wichtig, dass wir Menschen es sind, die die Entscheidung treffen, ob wir bei einem fremden Hund stehen bleiben und ob unser Hund an ihm schnuppern darf oder ob wir uns vielleicht doch lieber dazu entschließen, einfach weiterzugehen. Hören Sie auf Ihr Bauchgefühl, und glauben Sie mir, es ist für Ihren Hund überhaupt nicht wichtig, jeden Hund zu begrüßen. Sie würden, wenn Sie mit Ihrer Familie durch ein Einkaufszentrum laufen, doch auch nicht immer darauf achten, dass Ihr Kind möglichst jedes fremde Kind begrüßen kann. Für mich gibt es daher nur zwei Möglichkeiten: Ich halte mit meinem Hund an, die Hunde beschnuppern sich und ich spreche ein paar Worte mit dem Menschen oder ich gehe mit meinem Hund vorbei und grüße kurz im Vorbeigehen.

Und wenn wir schon beim Thema Hundebegegnungen sind, muss ich unbedingt die Hundewiese ansprechen. Egal wie man das nennt, Hundeplatz oder vielleicht auch ein schöner großer Strand, es ist ein Ort, an dem der Mensch dem Hund vermittelt: So, nun mach mal schön, hier ist Zeit, dich auszutoben und neue Freunde kennenzulernen. Verständlich, dass viele Menschen so denken. Ich möchte aber, dass Sie die Situation am Strand oder auf der Hundewiese oder welchen Ort auch immer Sie gefunden haben, an dem Sie glauben, Ihr Hund kann in Freiheit andere Hunde kennenlernen, aus Sicht Ihres Hundes betrachten. In der Regel läuft es doch so: Der Mensch fährt mit seinem Hund im Auto an einen bestimmten Ort. Dort wird der Kofferraumdeckel geöffnet und der Hund darf daraufhin losstürmen. Ihm bleibt auch nichts weiter übrig. Er gerät in ein Territorium, auf dem sich schon ver-

schiedene fremde Hunde tummeln. Jetzt muss er erst einmal checken, ob er an diesem Ort sicher ist und wer unter all den fremden Hunden in diesem Territorium die Verantwortung trägt. Das sieht dann vielleicht für den Menschen sehr lustig aus, weil die Hunde sich jagen und hintereinander herlaufen. In Wirklichkeit werden hier aber Grenzen abgesteckt und es wird eine spontane Rangordnung aufgebaut. Und nicht jedem Hund gefällt es, Mitglied einer „Gruppe" auf Zeit zu sein. Denn nichts anderes spielt sich in diesem Moment ab, wenn sich viele Hunde dort begegnen.

Als Beispiel stellen Sie sich doch bitte einmal ein vierjähriges Kind vor, mit dem Sie jeden Tag auf einen anderen Spielplatz fahren. Dort lassen Sie das Kind dann allein, damit es so jeden Tag fremde Kinder kennenlernt, zu denen es immer wieder neu eine Beziehung oder einen Kontakt aufbaut. Ein Ort, an dem Sie die fremden Eltern auch nicht kennen und nicht wissen, wie verantwortungsvoll diese Eltern mit ihren Kindern sind. Das würden wir doch niemals tun? Und das sollten wir auch mit unserem Hund nicht tun. Selbstverständlich kann man ab und zu diese Plätze besuchen und es gibt dort natürlich auch schöne Momente für den Hund. Aber grundsätzlich ist es nicht der Ausgleich oder die Beschäftigung, die den Menschen davon befreit, etwas Persönliches mit seinem Hund zu unternehmen. Viele Menschen erleben nach dem Besuch eines solchen Platzes auch, dass sie einen viel aufgeregteren Hund wieder mit nach Hause gebracht haben und er das Gegenteil von ausgepowert ist.

Bedenken Sie bitte, bevor Sie so einen Platz besuchen:
- Möchte ich meinem Hund das zumuten?
- Muss ich ihn dazu zwingen, mit allen anderen Hunden klarzukommen?
- Muss mein Hund sich dort anderen Hunden unterordnen?
- Kann das gut für meine Mensch-Hund-Beziehung sein?

Schauen Sie bitte genau hin:
- Was für Menschen treffen Sie dort?
- Gehen diese Menschen verantwortungsvoll mit ihren Hunden um?
- Halten diese Menschen Kontakt zu ihrem Hund?
- Passen die fremden Hunde zu Ihrem Hund?
- Sind die fremden Hunde ausgeglichene Hunde?
- Kann Ihr Hund mit den fremden Hunden klarkommen?

Ich empfehle Ihnen, wenn Sie so einen Platz mit Ihrem Hund unbedingt besuchen wollen, das in Ihren täglichen Spaziergang einzubauen. Ihr Hund hat dann schon etwas mit Ihnen unternommen und so fällt es ihm leichter, dort seinen Platz in der fremden Gruppe zu finden. Verlieren Sie aber bitte nie den Augenkontakt zu Ihrem Hund und beenden Sie alles sofort, indem Sie Ihren Hund zu sich rufen, wenn Ihr Bauchgefühl es Ihnen sagt.
An dieser Stelle des Buches, da bin ich mir sicher, haben Sie verstanden, ob Sie Ihrem Hund in der Vergangenheit eine falsche Information beim Spazierengehen gegeben haben. Ab heute können Sie alles ändern und einen neuen Anfang machen. Vergessen Sie dabei bitte nicht: Ihr Hund möchte Sie nicht ärgern. Er merkt sofort, wenn Sie Schwierigkeiten haben, ihm die nötige Sicherheit zu geben, die er an Ihrer Seite braucht.

Die Hundeleine bedeutet Sicherheit und Vertrauen. Sie ist ein Symbol für die Bindung zwischen Mensch und Hund. Dabei ist es egal, wie und wo der Mensch lebt, jeder möchte, dass sein Hund bei ihm sicher ist. Mit der Leine geben wir unserem Hund Sicherheit, ähnlich wie wir einem Kind Sicherheit geben, wenn wir es an die Hand nehmen. Die Leine ist beim Hund die Verlängerung unseres Arms.

ENTDECKE DICH SELBST

Damit uns unser Hund versteht, müssen wir ihm unser wahres Ich zeigen. Doch der Weg, unser inneres Ich zu entdecken, braucht Zeit. Haben Sie das jedoch geschafft, sind Sie in der Lage, die Natur Ihres Hundes zu erkennen. Die Grundlage für eine wahre Beziehung ist, sich selbst zu entdecken und zu erkennen, wer man ist. Einfach ausgedrückt: Ist man zu sich selbst ehrlich und geht respektvoll miteinander um, dann ist man auch mit sich selbst zufrieden und fühlt sich in seiner Haut wohl. So strahlen Sie Ruhe und Sicherheit aus und Ihr Hund erkennt, dass er sich an Ihrer Seite wohlfühlen kann.

WER BIN ICH?

Sich selbst zu kennen ist der wichtigste Schritt in der Kommunikation mit dem Hund. Nur wenn der Hund das spürt, können wir gut mit ihm kommunizieren. Damit meine ich, in unseren Gefühlen sollte die Ehrlichkeit eines Kindes stecken und die Verantwortung eines Erwachsenen. Das ist das Gefühl, das der Hund von uns Menschen bekommen soll. Erinnern Sie sich! Als Kind haben Sie bestimmt Fehler gemacht, aber Sie waren immer bereit, neu anzufangen, ohne sich selbst zu hinterfragen. Sie haben nicht versucht, jemand anders zu sein, und Ihre Gefühle versteckt. Als Kind haben Sie gelernt, wie man lebt. Dennoch waren Sie ursprünglich und ehrlich mit sich selbst. Im Laufe der Jahre verlieren Kinder leider diese Ursprünglichkeit und Ehrlichkeit. Manche Kinder mehr und manche Kinder weniger. Ich bin davon überzeugt, wenn wir uns dazu entschlossen haben, unser Leben mit einem Hund zu teilen, kommt das daher, weil wir ein inneres Bedürfnis haben, zur Natur zurückzukehren und vielleicht auch ein bisschen Sehnsucht nach unserer Kindheit haben. Das können wir dann erreichen, wenn wir zu unseren ursprünglichen Instinkten zurückkehren. Möchten wir eine gute Beziehung zu unserem Hund haben, ist es deshalb so wichtig, uns zu hinterfragen und in den Spiegel zu schauen, um zu erkennen, wer und wie wir sind. Denn genau so und nicht anders sieht und erkennt uns unser Hund.

In unseren Gefühlen sollte die Ehrlichkeit eines Kindes stecken und die Verantwortung eines Erwachsenen.

Natürlich kommt es auch immer darauf an, was man in seinem Leben erlebt hat. So hat sich unsere Persönlichkeit entwickelt. Diese Entwicklung kann bei uns Menschen sehr verschieden sein und daher gibt es auch so viele verschiedene Persönlichkeiten. Aber für eine Beziehung zu unserem Hund, so wie wir sie uns wünschen oder erträumen, ist die Grundlage, die wir erfüllen müssen, für alle Menschen immer die gleiche.

Sie haben schon einen Hund!

Also haben Sie den Anfang schon gemacht. Sie möchten der Natur näher sein. Dazu ist es wichtig, dass Sie zu Ihren Instinkten zurückfinden. Dazu sollten Sie sich selbst folgende Fragen stellen:

— Wer bin ich?
— Wie viel ist noch übrig vom Kind in mir?
— Was erkenne ich, wenn ich in den Spiegel sehe?
— Kann ich meine Gefühle zeigen?
— Kann ich Sicherheit ausstrahlen?
— Kann ich Ruhe geben?

Diese Fragen können Sie sich selbst beantworten. Die Antworten werden Ihnen dann helfen, sich selbst zu entdecken. So können Sie erkennen, woran Sie vielleicht noch arbeiten müssen. Ihr Hund liebt Sie, egal ob Sie immer ehrlich mit sich selbst sind oder irgendwelche Schwächen haben. Aber er spürt sofort, wenn Sie mit sich selbst nicht ehrlich sind. Der Weg zu sich selbst ist nicht immer ein schneller Weg. Ihr Hund begleitet Sie gern dabei und ist für jede Veränderung offen. Denken Sie daran: Ihr Hund hat Ihre Persönlichkeit schon vom ersten Tag erkannt.

Hunde sind im Laufe der Evolution Meister darin geworden, unsere Gefühle zu deuten und zu verstehen. Warum machen wir Menschen uns das nicht in der Kommunikation mit dem Hund zunutze? Unser Hund beobachtet uns sehr genau, um zu deuten, was wir von ihm wollen und dann flexibel auf uns zu reagieren. Das ist genau die Fähigkeit, die wir Menschen nutzen sollten. Wir dürfen nicht vergessen: Hunde reagieren nicht nur auf unsere Schwächen, sondern auch auf unsere Stärken. Wenn wir es geschafft haben, ehrlich zu uns selbst zu sein, dann sind wir auch überzeugt von dem, was wir tun. Dann können wir mit unserem Hund interagieren, ihn anregen und ihm zeigen, was in ihm steckt. So können wir ihm helfen, an unserer Seite unser treuer Gefährte zu sein, und eine tiefe und ehrliche Freundschaft mit ihm führen.

Es ist völlig unnötig, verbal laut zu werden. Wir müssen nur die natürlichen Instinkte und das Wesen unseres Hundes erkennen. Dann ist es so einfach, mit ihm zu kommunizieren und gemeinsam ein Team zu bilden.

Wenn ich bei meinen Kunden bin, erkläre ich immer, dass wir einfach nur unserem Bauchgefühl folgen und unseren Hund in unseren Alltag integrieren sollten. Dann erfolgt das Lernen und das Verstehen von fast allein. Wenn man seinen Hund mit Respekt behandelt, versteht er nämlich ganz nebenbei im gemeinsamen Miteinander, was wir von ihm erwarten. Das funktioniert aber nur, wenn wir ehrlich mit uns selbst sind, dann entspricht diese Art des Lernens seiner Natur und es gibt für ihn nichts Schöneres, als an unserer Seite zu sein. Es liegt in der Natur unseres Hundes, sich bei uns einzugliedern und ein Teil unserer Familie zu werden. Es geht nicht darum, dass man, um sich selbst zu entdecken, gleich alles in seinem Leben ändern muss. Es geht darum zu verstehen, dass der Weg zu einer guten Beziehung zu unserem Hund nur dann offen ist, wenn wir ehrlich mit uns selbst sind. Dabei ist es unwichtig, wie lang der Weg ist. Für den einen ist es ein kurzer, für den anderen ein langer Weg. Natürlich gibt es auch Menschen, die zum Beispiel durch das Erleben dramatischer Ereignisse Schwierigkeiten haben zu verstehen, was ihr Hund braucht. Dann kann es sein, dass sie mehr Zeit benötigen, um zu sich selbst zu finden. Aber auch dann ist es unwichtig, wie lange es dauert. Dieser Weg zu sich selbst ist für die Beziehung wichtig, denn nur dadurch erkennt der Mensch, was sein Hund braucht und kann ihm das Gefühl von Sicherheit geben. Dieser Prozess hilft dem Menschen und sein Hund begleitet ihn auf dieser Reise zu sich selbst.

Ich denke, jetzt verstehen Sie auch vieles, was ich schon vorab geschrieben habe, besser, denn es gehört alles zusammen. Vielleicht bemerken Sie gerade, dass Sie sich bereits auf dieser Reise befinden und Ihren Hund schon mit anderen Augen sehen. Wenn das so ist, ist es mir gelungen, dass Sie die ersten Schritte bereits unbewusst gegangen sind und sich Fragen über sich selbst gestellt haben. Das bedeutet aber auch, dass jetzt der Moment gekommen ist, in dem Sie erkennen sollten, ob Sie Fehler gemacht haben. Diese Fehler passieren oftmals aufgrund von schlechten Erfahrungen. Vielleicht haben Sie schon als Kind negative Beispiele im Umgang mit Hunden gesehen. Manchmal hat man auch in der eigenen Familie erlebt, wie Erwachsene in der Mensch-Hund-Beziehung Fehler machen. Denn es gibt so viele Möglichkeiten, Fehler im Umgang mit dem Hund zu machen. Für mich entscheidend dabei ist, dass man uns Kindern nicht gezeigt oder nicht richtig vorgelebt hat, wie man mit einem Hund artgerecht umgeht. Ich hatte das Glück, beobachten zu dürfen, wie das Leben eines Welpen bei seiner Mutter und mit seinen Geschwistern aussieht, bevor er dann eine neue Beziehung zu einem fremden Menschen aufbaut. In meiner Familie durfte ich erleben, dass Hunde als Familienmitglieder akzeptiert werden. Es wurde aber immer auch berücksichtigt, dass es Hunde sind. So habe ich schon früh gelernt, dass Hunde, obwohl sie uns so ähnlich sind, auch ihre eigenen Bedürfnisse haben, und es wichtig ist, dass wir Hunde als das erkennen, was sie sind – nämlich Hunde!
Hunde brauchen einen Menschen, der für sie die Verantwortung trägt, damit sie sich sicher fühlen. Das hat mich schon in meiner Kindheit geprägt. Selbstverständlich habe auch ich als Kind so manche negative Beispiele im Umgang mit dem Hund durch Erwachsene erlebt. Aber ich war in meinem Inneren so gefestigt, dass mich diese schlechten Beispiele nicht verunsichern konnten.

Vergleichen Sie nun Ihre Erlebnisse aus Ihrer Kindheit mit meinen Erlebnissen, dann erkennen Sie vielleicht, dass Ihnen etwas gefehlt hat.

Stellen Sie sich bitte folgende Frage:
— Was braucht mein Hund von mir?

Die Antwort sollte folgende sein:
Mein Hund muss erkennen, dass ich selbst kein Problem damit habe, ihm die richtige Struktur in unserem Leben zu geben und die Verantwortung für ihn zu tragen. Für diese Antwort darf Ihnen nichts im Weg stehen.

Fragen Sie sich jetzt bitte: Was steht Ihnen noch im Weg ...
— Ihren Hund als Hund zu erkennen?
— Freiheit zu verstehen?
— Haben Sie Probleme, Ihre eigenen Gefühle zu zeigen?

Dann müssen Sie noch Ihre innere Ruhe finden!

MEINE INNERE RUHE FINDEN

Mit all den Zeilen, die ich in meinem Buch für Sie geschrieben habe, möchte ich Ihnen einen Weg aufzeigen, mit dem Sie Ihre eigene innere Ruhe finden. Ich bin überzeugt davon, dass meine Erklärung für die Annäherung an den Hund Ihnen dabei hilft, zu Ihren Instinkten zurückzukehren und so die innere Ruhe für sich zu finden. Denn der gemeinsame Weg mit Ihrem Hund, auf dem Sie sich ihm annähern, ist auch der Weg zu Ihrem eigenen Ich. So wird es für Sie viel einfacher, mit Ihrem Hund zu kommunizieren.
Viele Menschen sind heutzutage täglich mit Hektik und Unfrieden konfrontiert. Diese Hektik und dieser Unfriede schadet auf Dauer unserer Seele. Denn jeder von uns sehnt sich nach Harmonie und Stille im Inneren. Aber das Leben ist anders! Meist fühlen wir uns gestresst und unausgeglichen und wissen nicht genau warum.

Wir werden täglich von einer Unruhe heimgesucht, die wir uns selbst nicht erklären können. Dazu kommen Ängste und Sorgen. Wenn Sie Ihre innere Ruhe finden möchten, sollten Sie tief in sich hineinhorchen. Denn diese Ruhe führt Sie zu sich selbst und gibt Ihnen Kraft. Um Ruhe zu finden ist es nötig, dass Sie mit sich selbst im Reinen sind. Sie sollten sich entspannen und leicht fühlen. Dann können Sie anfangen, diese Ruhe zu erleben. Dazu ist es wichtig, dass Sie lernen, sich selbst zu lieben und zu akzeptieren, so wie Sie sind. Erst dann spüren Sie von innen heraus das echte Glück, das Sie stärkt, damit Sie geerdet bleiben und sich nicht verlieren.

Hören Sie auf, sich immer nach anderen Menschen umzusehen und sich mit ihnen zu vergleichen. Das bringt Ihnen nichts, denn es wird immer jemanden geben, der vielleicht sportlicher, erfolgreicher, hübscher oder besser aufgestellt ist als Sie. Es gibt immer etwas, was wir verbessern können, und wir werden niemals perfekt sein. Mit dem, was man selbst erreicht hat, zufrieden zu sein – auch das hilft, seine eigene innere Ruhe zu finden.

Es kann auch sein, dass es Ihnen hilft, wenn Sie täglich zu einer bestimmten Zeit meditieren. Dazu können Sie auch gern Ihren Hund einladen. Wichtig ist: Alles, was Sie dabei ablenken kann, zum Beispiel elektronische Geräte oder andere Menschen, sollte Sie in dieser Zeit nicht stören. Ihr Hund darf dann gern mit bei Ihnen im Raum sein. Sie setzen sich auf den Boden, vielleicht auf ein weiches Kissen, und denken an etwas Schönes. Dabei schließen Sie die Augen und hören, wie Sie ruhig ein- und ausatmen. Atmen Sie tief ein und entspannt wieder aus. Konzentrieren Sie sich einzig und allein nur auf Ihren Atem und lassen Sie dann Ihre Gedanken fließen, ohne diese dabei in eine bestimmte Richtung zu lenken. So begeben Sie sich auf eine Reise zu sich selbst. Je häufiger Sie diese Übung in Ihren Alltag einbauen, je entspannter und ruhiger werden Sie. Ihr Hund wird nach einiger Zeit erkennen, dass dies ein Moment zum Ausruhen ist, und sich bei Ihnen oder irgendwo im Zimmer hinlegen. Dann genießen Sie einfach zu zweit diesen ruhigen Moment.

Für mich ist es immer wieder ein schönes Erlebnis, mit meinem Hund die Natur zu genießen. Ich fühle mich aber genauso wohl und geerdet, wenn ich mit ihm durch die Stadt laufe, denn auch dort genieße ich unsere Verbindung. Es geht dabei nicht immer darum, einen ruhigen Platz zu finden, es geht vielmehr darum, eine Einheit mit seinem Hund zu bilden, egal wo man sich befindet. Nehmen Sie sich Zeit für alle Änderungen und für die Reise zu Ihrem Ich.

Natürlich kann es passieren, dass Sie sich morgens vorgenommen haben, egal was Ihnen auch passiert oder wer Ihnen begegnet, ruhig und gelassen zu bleiben. Am Abend wieder zu Hause angekommen, stellen Sie dann leider fest, dass Ihnen das nicht gelungen ist, weil Sie irgendetwas mal wieder richtig mitgerissen hat. So ist das Leben und auch das gehört dazu. Wir alle befinden uns hin und wieder in einem Wechselbad der Gefühle. Aber die Träume von einem entspannten Leben bleiben. Wir leben bedauerlicherweise nicht in einer heilen Welt. Es ist eine wahre Herausforderung in der heutigen Welt, die Ruhe zu bewahren. Ich bitte Sie aber, sehen Sie das alles wie Ihr tägliches Training, ein Training des wirklichen Lebens, in dem Sie es trotz aller Probleme schaffen sollen, Ihr inneres Gleichgewicht zu halten, um durch dieses Training immer stärker zu werden.

Wir Menschen neigen offensichtlich dazu, uns unglücklich zu machen. Sonst hätten wir wohl auch niemals eine Kultur entwickeln können, in der Leiden eine so große Rolle spielt. So liegt es in der Hand eines jeden Menschen, für sich selbst darüber nachzudenken, worauf es in seinem Leben ankommt.

— Geht es um viel Geld oder darum, viele Dinge zu sammeln und anzuhäufen?
— Was nützt das eine oder das andere, wenn man mit seinen Gefühlen nicht umgehen kann?
— ... wenn man die Natur und auch das Zusammensein mit anderen Menschen nicht genießen kann?

Nur mit einer inneren Ruhe sind Sie imstande, dem Entstehen und Vergehen der Dinge gelassen zuzusehen und nicht in der ständigen Sorge zu leben, irgendwann wieder irgendetwas aufgeben zu müssen. Manche Menschen begreifen das früh, manche spät und manche Menschen begreifen das überhaupt nicht. Und auch ich kann Ihnen nicht versprechen, dass Sie von heute auf morgen Ihre innere Ruhe finden und für immer vollkommen entspannt leben. Seine innere Ruhe zu finden braucht Zeit, vielleicht ist dies auch eine Lebensaufgabe, die Sie nicht in ein paar Minuten, Tagen oder Wochen hinter sich bringen können. Nehmen Sie sich diese Zeit. Rechnen Sie mit Rückschlägen. Sie werden auch manches Mal wieder in Stress geraten, aber alles ist ein Prozess. Dabei ist jeder Tag für Sie ein Neubeginn und fordert Ihre Geduld. So bleiben Sie aufmerksam, aufmerksam für Ihr Leben. Ihre innere Ruhe ist wichtig für eine gute Kommunikation mit Ihrem Hund und für Ihr eigenes Leben. Denn das ist doch eigentlich das, wonach Sie sich sehnen und was Sie sich wünschen, wenn Sie einen Hund an Ihrer Seite haben: Sie möchten leben!

WAS ERWARTE ICH VON MEINEM HUND …

… UND WIE VERSTEHT MICH MEIN HUND?

Viele Probleme, die Sie vielleicht mit Ihrem Hund haben, sind dadurch entstanden, dass Ihr Hund die Sicherheit an Ihrer Seite verloren hat. Wenn Sie das erkennen, wird es für Sie nun leichter sein zu verstehen, dass es nichts Wichtigeres für Ihren Hund gibt, als Sie – ein Mensch, der bereit ist, die Verantwortung für ihn zu übernehmen. Denn nur dann kann Ihr Hund die Rolle an Ihrer Seite einnehmen, die seine Natur für ihn vorsieht. Eine Rolle, die für ihn wichtig ist, um ausgeglichen zu sein und sich bei Ihnen sicher zu fühlen. Vernachlässigen Sie jedoch, auf die Bedürfnisse Ihres Hundes einzugehen, und vergessen Sie, dass Ihr Hund jemanden braucht, der die Verantwortung für ihn übernimmt und an dem er sich orientieren kann, dann beginnen die Missverständnisse. Schnell passiert es, dass Sie unbewusst seine Bedürfnisse vernachlässigen, anstatt darauf einzugehen. Denn Sie dürfen nicht außer Acht lassen, dass Sie hauptsächlich auf eine Art und Weise mit Ihrem Hund kommunizieren, die er nicht wirklich verstehen kann, über Ihre Worte. Das kann zu Missverständnissen führen, und wenn Sie dann vergessen, Ihrem Hund die nötige Sicherheit zu schenken, sorgen Sie dafür, dass er sich unsicher fühlt. Genau diese Unsicherheit ist der Ursprung vieler Probleme.

Wenn Sie das verstehen, werden Sie einsehen, dass es keine „Problemhunde" gibt, egal was für einen Hund Sie haben. Darf er durch Sie feste Strukturen erleben, geht es ihm gut, weil es seiner Natur entspricht, Ihr Begleiter zu sein. Mit dieser Struktur erreichen Sie das Vertrauen Ihres Hundes und können so das Leben mit ihm genießen. Denn genau das schafft eine natürliche Verbindung, die Sie beide zu dem macht, was Sie sich so sehr wünschen, zu Freunden.

Einfach gesagt, es ist menschlich, dass wir immer wieder versuchen, unserem Hund unsere Sprache verständlich zu machen. Es wäre auch einfach perfekt! Mensch und Hund verstünden sich und könnten sich unterhalten. Nur schade, dass das nicht in dieser Form möglich ist. Wir müssen daran aber nicht verzweifeln, dass unser Hund den genauen Sinn unserer Worte nicht versteht. Wir müssen deshalb auch nicht aufhören, mit unserem Hund zu sprechen. Ein Hund bleibt eben ein Hund und er möchte auch als solcher von uns behandelt werden. Dann geht es ihm bei uns gut. Genau aus dem Grund, dass Hunde den Inhalt unserer Worte nicht verstehen, müssen wir immer daran denken, dass sie die Art und Weise, in der wir unsere

Worte benutzen, wahrnehmen. Damit meine ich: Sprechen wir mit unserem Hund aufgeregt, wütend oder vielleicht sogar panisch? Oder sprechen wir eher leise und mit freundlicher Stimme? Jeden Ton und damit jede unserer Stimmungen nimmt unser Hund sehr wohl wahr!

Hunde helfen uns schon enorm, indem sie lernen, verschiedene Worte mit unseren Erwartungen zu verknüpfen. Aber erst, wenn wir Menschen die Welt mit den Augen unseres Hundes sehen und seine Welt verstehen, erst dann können wir verstehen, wie sich unsere Hunde verhalten, erst dann können wir wirklich an ihrem Leben teilhaben. Das bedeutet, wenn wir die Natur unseres Hundes respektieren, sind wir offen für eine gute Mensch-Hund-Beziehung. Dann werden wir zu einem Team, zu dem Team, das wir uns wünschen. Sie werden erkennen, dass Ihr Hund Ihre Emotionen und Gefühle sofort durchschaut. Dazu beobachtet er Sie genau, Ihre Mimik, Gestik und Ihre Stimme, aus alldem ergibt sich sein Verhalten. Daraus erklärt sich folgendes: Spürt Ihr Hund, dass Sie sich nicht sicher fühlen, überträgt sich dieses Gefühl rasch auf ihn, und auch er fühlt sich nicht mehr sicher.

Man bemüht sich, die Körpersprache und Psyche des Hundes zu erkennen. Es bringt aber nichts, wenn man sich selbst nicht erkennt!

Man sollte sich bewusst sein, dass die eigene Ausstrahlung und Körpersprache oftmals Ursache von Missverständnissen in der Beziehung zum Hund ist und sich daraus viele Probleme ergeben können. Das bedeutet natürlich nicht, dass Sie nun keine Gefühle mehr zeigen dürfen, wenn Sie mit Ihrem Hund zusammen sind. Das würde Ihnen beiden mit Sicherheit nicht guttun. Es wird Ihrer Beziehung aber helfen, wenn Sie versuchen, im Umgang mit Ihrem Hund möglichst immer ruhig und sicher zu sein. Ihre innere Haltung ist eines der besten Kommunikationsmittel. Indem Sie versuchen, in Gegenwart Ihres Hundes ruhig und sicher zu sein, geben Sie ihm damit das Gefühl, dass er sich an Ihrer Seite entspannen kann und Sie einfach nur zu begleiten braucht. Und kann sich Ihr Hund bei Ihnen sicher fühlen, lösen sich zahlreiche Missverständnisse, die Ihnen vorher in der Mensch-Hund-Beziehung Probleme gemacht haben.

Wenn Sie sich wünschen, dass Ihre Beziehung ohne Probleme funktioniert, sollten Sie jeden Tag aufs Neue bereit sein, Ihrem Hund klare Strukturen zu geben. Nur so versteht er, dass Sie für ihn ein verlässlicher Mensch sind. Es ist völlig normal, dass Sie sich ein harmonisches Leben mit Ihrem Hund wünschen und Ihr Hund dazu bestimmte Regeln beherrschen sollte. Nur so kommt er dann auch zu Hause und auf der Straße mit unserer Menschenwelt zurecht. Wenn Sie sich immer wieder daran erinnern, dass das Lebewesen neben Ihnen einfach nur ein Hund ist und dieser Hund nur seinen natürlichen Instinkten folgt, so wie Sie selbst doch unbewusst auch, werden Sie feststellen, wie ähnlich Sie sich sind. Nur durch diese Ähnlichkeit sind wir wahrscheinlich in der Lage, eine so enge Verbindung zu unserem Hund aufzubauen. Und nur, weil wir uns so ähnlich sind, kommt es immer wieder zu Problemen. Daher ist es wichtig, dass Sie verstehen, wie Ihr Hund fühlt.

Im Gegensatz zu uns Menschen haben Hunde kein Unrechtsempfinden. Ein Hund, der etwas Falsches macht, tut aus seiner Sicht nichts Falsches. Er macht lediglich etwas, was uns nicht passt. Dabei denkt ein Hund auch nicht moralisch. Er nimmt dann nur die Ausstrahlung seines Menschen wahr, die wahrscheinlich in diesem Moment Aufregung und Ärger zeigt. Das ist das Signal, dass er in diesem Moment von uns bekommt. Damit meine ich: Ein verantwortungsvoller Mensch für seinen Hund zu sein bedeutet nicht, dass Sie Ihrem Hund keine Zuneigung zeigen dürfen. Wählen Sie dafür nur den richtigen Augenblick, um nicht aus Versehen ein negatives Verhalten zu belohnen. Aber vergessen Sie bitte nie, dass ein Hund ganz andere

Bedürfnisse hat als wir Menschen. Erfüllen wir diese Bedürfnisse nicht, leidet der Hund. Die Folgen sind dann ein Hund, der Probleme bereitet. Vielleicht folgt er Ihnen dann nicht mehr und zieht und zerrt an der Leine. Vielleicht mag er nicht mehr allein zu Hause bleiben und fährt nicht mehr gern mit Ihnen Auto.
Er ist dann nicht mehr der Hund, den Sie sich wünschen, und all das kann die Beziehung enorm belasten. Achten Sie aber darauf, dass die natürlichen Instinkte Ihres Hundes respektiert werden und Sie für Ihren Hund die Verantwortung übernehmen, werden Sie sehen, wie gern Ihr Hund bereit ist, Ihnen seine Treue zu schenken.

Das größte Bedürfnis Ihres Hundes ist nun einmal, bei Ihnen zu sein und Sie zu begleiten. Sie werden es spüren und es gibt immer mehr Momente, in denen Sie erkennen, dass Ihr Hund Sie versteht. Das ist das beste Zeichen dafür, dass Sie in diesem Augenblick Ihren Hund erkannt haben als das, was er ist und was er braucht, und ihm die nötige Sicherheit und Ruhe gegeben haben. Dann sprechen Sie die Sprache Ihres Hundes und Ihr Hund erkennt, dass Sie ihn als Hund respektieren. Dann öffnet er Ihnen seine Welt. Ab diesem Zeitpunkt sind Sie beide offen für die Schönheit der Natur und Sie können diese gemeinsam mit Ihrem Hund genießen, weil Sie auf der gleichen Wellenlänge miteinander kommunizieren.
Jetzt können Sie sich einlassen auf das Wunder Hund.

Es ist erstaunlich: Unsere Hunde verfügen nebst kognitiven Fähigkeiten über fast die gleichen Emotionen wie Menschen und die unglaubliche Gabe, sich auf den Menschen in einer tiefen Bindung einzulassen.

HALLO, ICH BIN JOSÉ …

Ich bin unendlich glücklich, denn ich habe meine Passion gefunden. Die Arbeit mit Menschen und Tieren. Dabei ist es mir sehr wichtig, immer beide Seiten zu verstehen. Nur so ist es mir möglich, die richtige Hilfe für Mensch und Hund zu finden. Ich lebe auf Mallorca, auf meiner Finca. Ein idealer Ort für mich und meine Hunde und auch für meine andere Leidenschaft, meinen täglichen Sport mit meinen Hunden. Meine Hunde sind sehr verschieden: Einige von ihnen lieben es, mich beim Joggen zu begleiten, die anderen ziehen es vor, etwas schneller neben dem Fahrrad herzulaufen. Meine Hündin liebt es zum Beispiel, mit mir schwimmen zu gehen. Aber alle Hunde begleiten mich am liebsten auf unserem strukturierten Spaziergang. Die Hunde kommen alle aus dem Tierschutz oder aus schlechten Verhältnissen. Diese Tiere nehme ich privat bei mir auf. Zu Hause integriere ich die Hunde in meine Familie. Dabei ist es mir wichtig, dass die Hunde verstehen, dass sie endgültig an einem Platz angekommen sind, an dem sie für immer bleiben dürfen. Sie können mir vertrauen und sich bei mir für immer sicher zu fühlen.

DANKE …

… an meinen Verlag. Im Besonderen an Hilke Heinemann für das Vertrauen, das sie mir entgegengebracht hat.

… an Anna Auerbach für die tollen Bilder.

… an mein Team für die große Unterstützung, nicht nur bei diesem Buchprojekt, sondern auch dafür, dass ihr seit vielen Jahren meine Botschaft an die Menschen weitergebt.

… an Silvia, mit Amigo, dafür, dass du an meiner Seite stehst und mir den Rücken stärkst.

ÜBER JOSÉ ARCE

José Arce gibt sein Wissen nicht nur in Buchform weiter. Der Mensch-Hund-Therapeut hilft bei besonderen Problemen auch in individuellen Zwei-Tages-Besuchen (weltweit) und gibt traumatisierten Hundebesitzern wieder Kraft, Mut und Zuversicht. Dadurch können die Hundebesitzer die Probleme der Vergangenheit vergessen und mit individuellen Lösungsansätzen wieder Vertrauen in sich selbst finden, um die Probleme anzugehen. Der Autor bietet zudem für alle interessierten Mensch-Hund-Teams regelmäßig Seminare in Deutschland, Österreich und in der Schweiz an.
Weitere Informationen und aktuelle Termine: www.jose-arce.com

Bei der Ansprache im Text sind alle drei Geschlechter gemeint. Wir nutzen hier die männliche Form. Dadurch wird das Buch leichter lesbar. Dafür bitten wir um Verständnis.

BILDNACHWEIS

102 Farbfotos wurden von Anna Auerbach/Kosmos für dieses Buch aufgenommen. Ein weiteres Farbfoto von José Arce (S. 149). Mit vier Illustrationen des Autors.

IMPRESSUM

Umschlaggestaltung von GRAMISCI Editorialdesign, München unter Verwendung von zwei Farbfotos von Anna Auerbach/Kosmos

Mit 102 Farbfotos und vier Illustrationen.

Alle Angaben in diesem Buch erfolgen nach bestem Wissen und Gewissen. Sorgfalt bei der Umsetzung ist indes dennoch geboten. Der Verlag und der Autor übernehmen keinerlei Haftung für Personen-, Sach- oder Vermögensschäden, die aus der Anwendung der vorgestellten Materialien, Methoden oder Informationen entstehen könnten.

Unser gesamtes Programm finden Sie unter **kosmos.de.**
Über Neuigkeiten informieren Sie regelmäßig unsere Newsletter, einfach anmelden unter **kosmos.de/newsletter**

Gedruckt auf chlorfrei gebleichtem Papier

ISBN 978-3-440-17333-6
Redaktion: Hilke Heinemann
Gestaltungskonzept: Peter Schmidt Group GmbH, Hamburg
Gestaltung und Satz: Katrin Kleinschrot, Stuttgart
Produktion: Carolin Wacker
Druck und Bindung: Westermann Druck Zwickau GmbH, Zwickau
Printed in Germany / Imprimé en Allemagne